王瑞－著

中国水利水电出版社
www.waterpub.com.cn
· 北京 ·

内 容 提 要

从出生到18岁的这个自然阶段，我们经历了第一次成长。这个过程充满坎坷，成长的结果无法令我们真正感到满意和幸福。不过，我们每个人都有二次成长的机会，对已经定型的人格进行重塑。

通过书中提供的改变与发展的实用工具，读者将能够实现完全意义上的自我对话和探索，有机会自主决定自己真正想做的事、真正想成为的人。

图书在版编目（CIP）数据

二次成长 / 王瑞著. -- 北京 : 中国水利水电出版社, 2022.1
ISBN 978-7-5226-0133-5

Ⅰ. ①二… Ⅱ. ①王… Ⅲ. ①人格心理学－通俗读物
Ⅳ. ①B848-49

中国版本图书馆CIP数据核字(2021)第215845号

书　名	二次成长 ER CI CHENGZHANG
作　者	王瑞　著
出版发行	中国水利水电出版社 （北京市海淀区玉渊潭南路1号D座　100038） 网址：www.waterpub.com.cn E-mail：sales@waterpub.com.cn 电话：（010）68367658（营销中心）
经　售	北京科水图书销售中心（零售） 电话：（010）88383994、63202643、68545874 全国各地新华书店和相关出版物销售网点
排　版	北京水利万物传媒有限公司
印　刷	河北文扬印刷有限公司
规　格	146mm×210mm　32开本　9印张　200千字
版　次	2022年1月第1版　2022年1月第1次印刷
定　价	56.00元

寻找早年印记

初现自我轮廓

建立自我价值

重塑自我心智

拥有完整人格

对于任何一种缺失，不去试图掩盖或毁灭它，而是把它变成值得信任的伙伴。

前言

二次成长的旅程

当你翻开这本书时，虽然你未必能马上意识到，但你的二次成长已经开始了。

我做了近10年的心理学科普工作，不断有编辑来联系我，希望我能够出一本心理学相关的书，但几乎每个编辑都希望通过把过去的文章稍加整理，然后迅速地出版和发行，这让我一度对心理学书籍的出版市场失去了信心。阅读纸质书，是我们现在为数不多的可以慢下来、整理思绪的方式，它不应该变成快餐，尤其是阅读心理学书籍。

终于，我等到了一位愿意善待书籍，并且希望将心理学中真正能够帮助到大众的内容送到读者身边的编辑。对于第一次与这位编辑的谈话，我没抱任何希望，以为又是一个期待快餐心理学的“知识贩子”。结果，这次谈话让我当场就决定推掉其他工作项目，一头扎进了本书的写作中。我和编辑都不希望心理学被噱头、鸡汤和伪知识取代，我们希望心理学不只在学者和专业人士眼里是有用的，希望对于那些对心理学几乎一无所知的人也是有用的。带着编辑给予的信任和支持，我开始了第一本纸质书的创作。

一晃，一年过去了，一切都比我当初想象的要困难一些。因为我是本书的作者，也是第一个读者，所以我不断地在专业视角和读者视角之间来回切换，希望在保证本书专业性的同时，又能够让读者真正吸收书中内容并将其运用到自己的生活中去，而不是读到一些大道理后，把书扔在角落，继续在人生中焦虑着。所以，支撑我写作的动力和目标只有一个：我希望本书能够给每个人一个二次成长的机会。

我们在没有任何经验的情况下经历了第一次成长，也就是我们从出生到18岁的这个自然阶段。这个成长的过程可能充满了坎坷，成长的结果无法令人真正感到满意和幸福。我们有没有重来一次的机会呢？答案是非常肯定的，我们每个人都有一个二次成长的机会，这得益于我们心理和精神世界极强的可塑性，二次成长其实就是对已经定型的人格重塑的过程。

第一次成长中，我们人格的形成很大程度上依赖于父母，我们很被动，对于自己想成为怎样的人可能没有过发言权；但是，在二次成长中，我们自己是主体，我给大家提供的大部分方法都是可以独立使用的，这将是一个完全意义上的自我对话和探索的旅程，你将有机会自主决定你真正想做的事、真正想成为的人。

人格重塑

人格的重塑不是一件简单的事，因为当你真正有能力解决自己的问题时，往往已经成人多年，人格已经定型，而人格最大的特点就是它具有稳定性。很多时候，我们的无力感都来自我们发现自己无法改变眼前的困境，这种无力感先是让我们绝望，然后会使我们麻木，最终失去对这个世界的好奇和期待。

然而，最深沉的绝望中蕴含着最强大的力量。人格之所以如此稳定，是因为它在我们的大脑里留下了一条条的沟壑，我们的思绪和情绪会习惯性地顺着这些沟壑流动，沟壑的走向决定了流动的方向。但是大脑的可塑性极强，它的生长潜力可以持续一生，我们总是有机会做些什么，实现改变。只要有了正确的方法和长久的坚持，我们可以改变大脑的沟壑，也可以重新建立习惯性反应，我们的人格会在一点一滴的变化中焕发新的生命力。

这个过程需要时间，很多人的改变总是无疾而终，根本原因就在于改变的动力不是为了给自己一个成长的机会，而是为了摆脱和逃避当下的自我厌恶感。要实现人格重塑，最重要的就是要给自己时间和耐心，学会和自我厌恶感相处。我们听了太多关于变好的方法，却忽略了在变好之前，如果不能和自我厌恶感相处，所谓的变好，是不会实现的。

自我重塑就像是自己做了一次自己的父母，用我们理想中的父母的样子对待自己、呵护自己，支持包容自己的每一步试错。

很多时候，我们缺失的不是自我，而是理想的父母。很多人本能地想要从父母身上寻找这缺失的部分，但万万没想到，缺失的最后一块碎片只有从自己身上才能找到。完成自我重塑的一个信号是，有一天，你发现自己要独立面对未知和挑战，你也许会害怕，但你仍然选择继续往前走，因为你信任自己。

如何阅读这本书

首先，带着最困扰自己的一个问题开始阅读本书，你将有机会看到这个问题是如何从源头开始，逐渐演变成了现在的模样，进而持续地影响着你的生活。通读本书后，找到让你印象最深刻的章节，从该章节提供的方法开始重点练习，它会像解开一个个谜团，带你重新认识自己、理解自己，最终找到、接纳和相信自己。

其次，在本书的阅读中，我们会重新经历童年，这个过程并不会太愉悦，我们也难免会将一切问题的源头都归结于父母的失职，但这并不是本书的目的。的确，如果父母能够真正懂得我们在成长中最需要的是无条件的爱和支持，而不是苛责和惩罚，我们的成长会更顺利、更幸福，人格也会发展得更完整。但过去已经发生的事情是无法改变的，它是我们记忆的一部分，我们真正要改变的，同时也是真正能实现改变的，是我们如何处理让我们受到伤害的记忆。

责怪父母是不是一种处理方式呢？当然是，但它是一种“伤敌八百，自损不止三千”的处理方式，是一种不同于小时候的被父母控制的方式。小时候，我们是因为太渴望被爱而屈从于父母的控制；长大后，我们是因为太渴望通过恨和报复来发泄而屈从于父母的控制。无论是哪种方式，它都削弱了你作为一个人的完整性。

本书不是一次性阅读的快餐，里面的方法不是灵丹妙药，并不是吃下去后问题就能马上消失。本书更像是一个陪伴在你身边的朋友，在你需要的时候给你安慰和方向。本书提供的方法是可以反复练习的，并且在每一次练习中，你都会有新的发现，真正的成长也是通过在一次次的练习中积累的经验和体验而逐渐获得的。

我在写作本书的过程中，对书中的每一个方法都重新验证，包括和自我的对话、和朋友的对话，以及和伴侣的对话。写完本书，我仿佛又进行了一次人格的梳理和重塑。尽管我以为我对自己已经足够了解，但依然在这个过程中发现了自己很多年都没有意识到的盲点，同时也意外地修复了一些调整多年但未见成效的情绪问题。其中，令我印象最深刻的是愤怒问题，我发现，愤怒的情绪中还层层包裹着很多复杂的情绪。我就像剥洋葱一样，一点点把它剥开，看到了隐藏多年的真相，或者更准确地说，是我还没有准备好去面对的真相。

在过去7年的心理咨询执业生涯中，我见证了太多的来访者被破碎的童年牵绊，在现实生活中挣扎，但最终实现了二次成长。这个过程很不容易，但很幸运的是，我从中发现了一些规律和方法，它们具有普适性，每个人都可以尝试。在10年的心理科普工作中，我一直在坚持一件事情，那就是把晦涩的心理学知识诠释成每个人都能理解并应用于生活的人生哲学。太多有价值的心理学知识躺在课本里和研究论文里，但是没能到达真正需要的人那里，而我特别幸运地做了这个摆渡人。希望本书能够让每位读者获得敏锐的心理视角，并且带着这个视角重建自己的生活，体验真正的自由和快乐。

目录

CONTENTS

1 寻找早年印记（1岁之前）

我和世界建立信任的开始

2

初现自我轮廓（1 ~ 3岁）

学会和内心的“小恶魔”相处

建立自我价值（4 ~ 5岁）

我在这个世界上，不多余

重塑自我心智（6 ~ 11岁）

我会成为更好的自己

5 拥有完整人格（12 ~ 18岁）

在危机、孤独和叛逆的夹缝中，守护自己

寻找早年印记（1岁之前）

我和世界建立信任的开始

我知道这世界

本如露水般短暂

然而，然而

——小林一茶

这一章，我将带大家进行1岁之前的人生初始篇章的探索和讨论，这短短的一年，虽然我们现在想起来似乎毫无记忆，但却是在我们人生中很多重要概念上都打下烙印的一年。我们常常体验到的存在感、分裂感、安全感和信任感，都在这一年迅速建立起来，而这个过程究竟是怎么实现的？我们的父母在其中扮演了怎样的角色？都将在这一章里找到答案，启动我们对人生轨迹的回溯，找到自我成长的起点。

第一节　存在感

和世界建立信任的开始

我们在群体里，有时会进入一种“没什么存在感”的状态，很少被别人注意到，会被贴上“小透明”的标签，好像有我没我，对别人来说，并没有什么区别。那存在感究竟是什么呢？

心理学从哲学的发展中孕育而出，要了解存在感的定义，我们就要先从哲学中找到来源。很多人听过笛卡尔那句有名的“我思故我在”，即如果我思考存在这件事，那我就必须存在；如果我怀疑存在这件事，我也必须已经存在。而我更喜欢贝克莱定义的方式——存在即被感知，也就是如果我发出一个信号，能够收到来自这个世界的回应，那么我就感受到存在了。

所以心理学上的存在感，是一种自我能够被看到、被察觉、被感知以及被回应的内心状态。而这种状态就是我们和这个世界以及对自己和他人建立信任的开始。

存在感是生存的理由

大多数时候，我们感受到的存在感是有条件的，似乎只有自己很优秀，在人群中能够成为闪光点、有价值的时候，才能感受到存在感，否则自己就是不存在的，可以被忽略的，被大家遗忘和不在乎的。但真正的存在感是无条件的，不论一个人是什么性格，有多少优点和缺点，都值得拥有存在感。

我从小生活在一个奖励和惩罚分明的教育环境里，所有我感觉到被看到的时刻都是因为考试成绩出现在榜单上，而且只有那么短暂的几秒钟，我能够感受到微弱的存在感，但转身就又陷入到下次考试的焦虑中，似乎一切努力都是为了在榜单上受人瞩目的片刻。

后来，我去美国读研究生。当时语言不通，课程听不懂，曾经能够让我感受到存在感的优势在一瞬间荡然无存，但我也因此有机会体验到“无条件的存在感”。我不是一个会在衣着上精心打扮的人，所以从来没有期待身边的人会注意到我的着装有什么亮点，直到跟美国的同学熟络起来，我发现他们特别喜欢不经意地随口夸赞你的无心搭配。“瑞，你的项链好漂亮。”“瑞，好喜欢你今天的发型。”“啊，瑞，你的鞋子在哪儿买的，我也好想买一双。”

起初我特别受宠若惊，我还想这是不是他们对国际同学的特别照顾呢？但是我通过观察，发现他们之间的相处似乎也充斥着这种互相关注和夸赞的小对话。我从来没有体验过这种感觉，所以用了很长的时间才意识到和接纳这样一件事情，那就是“你不需要额外做什么，你的存在就能够被注意到”。而在之前的环境中，我得到的所有优待和喜欢似乎都是因为“我是个成绩不错的学生”。我也能够感觉到身边的人会根据这个标准来选择是否要主动跟你交往，如果你成绩不好，似乎你就失去了主动被靠近的价值。而这种担心后来也真的发生了，高三的成绩波动很大，好像常常主动围绕在身边的那些人都消失了，换了新的靠近对象。不论这是事实，还是我主观的幻想，都似乎更加验证了“存在感是需要条件的”这个根深蒂固的信念。

当然，我这里并不是想做一个中美教育文化的对比，只是我个人的经历刚好可以用来解释“有条件的存在感”和“无条件的存在感”。我们太习惯前者的心理模式，当有人就只是因为你是你而关注你、喜欢你的时候，我们是非常不适应的，甚至觉得是不正常的，总觉得一切我们值得拥有的东西都应该有一个理由，才能放心。

可这样真的是正常和合理的吗？我们为什么可以生活在这个世界上，真的是需要理由的吗？还是如黑格尔所言，存在即合理呢？

我从小就很喜欢观察身边的一切，小学就因为父母的工作调动常常转学，是这种观察的习惯让我觉得到一个陌生的环境也不会太尴尬和太孤独。我看着身边的新同学，一个男生和一个女生，莫名其妙地在课间打闹起来，你推我一下，我把你的课本扔得老远。这一切在我看来似乎毫无理由，可是他们却乐此不疲，享受着“你来我往”的互动和回应，感受着被看到的存在感，这大概就是理由吧。有一天，我在旁边看得出神，被他们发现，他们就突然让我做裁判，让我评评究竟是谁先招惹谁的，于是我也加入了这场“存在活动”。我的观察也被他们回应，进而产生了新的互动，也变成我融入新环境的方式。

有时候这种融入的过程并不顺利，因为之前的学校是上午11点放学，而新学校竟然在课间休息之后还有一节课要上，我不知情，于是11点下课铃一响，我就背着书包要回家。旁边的同学哈哈大笑，我有点儿尴尬地站在原地，解释说：“我以为放学了，原来的学校是这样的。”他们从略带嘲笑的大笑中收敛，羡慕地说：“哇！你们原来的学校这么幸福！”然后我有点儿略带显摆地回应，顺势坐下来给他们讲原来的学校还有哪些更幸福的事儿。转危为安，在融入的过程中不断充斥着这种略带不安和“危险”的小细节，慢慢组成了我对这个新环境的印象。而这个过程，其实就是我们刚来到这个世界上时同样要经历的。只是，用了不同的语言，并且传递了“我们到底出生在了一个怎样的世界里”这个信息的，将是对我们影响深远，甚至有一辈子牵绊的父母。接下来，我们就一起看看，父母是怎样带我们认识这个世界的？在我们不知情的情况下，我们的人生已经发生了哪些重大的变化？

健康的存在感VS不健康的存在感

刚出生的时候，我们还不会说话，唯一和外界沟通的方式就是哭闹，这是婴儿向世界发出的第一个信号，这个时候我们根本不知道要去期待什么，这个世界是未知的，甚至是充满危险的。而且哭闹本身就只是一个声音，它可能并不带任何感情色彩，不像我们成人后的哭泣大多都和悲伤难过的情绪有关，也不像熊孩子到一定年龄的耍脾气，会让人产生反感、厌烦等负面情绪。婴儿的啼哭也许打扰平静，但事实上它的本质是非常中立的信号，而且可能代表很多含义，可能是希望有人和自己说话、饿了，或者想排泄等需求，当然也可能是情绪。只是不管是哪种需求，最后都变成了哭喊这一种方式。

信号传递出去之后，我们会等待，等待来自外界的回应，我们完全不知道等来的是什么，回应方式也将决定我们获得怎样的存在感。而且等待的过程，会让婴儿本能地产生不安和恐惧，一方面不知道会得到怎样的回应，另一方面根本无法预测是否会得到回应。于是可能会出现无助和绝望，最终这些情绪将会被如何对待呢？尤其是初期的互动，它决定着婴儿在下次啼哭的时候，是带着怎样的心情和期待。大家可以想象下，如果自己的灵魂困在了一个只会哭喊的婴儿的身体中，你该如何与外界进行联系呢？不用说，这将是一个异常困难的过程，图1–1、图1–2非常直观地给我们展现了两种不同的回应方式，也是大部分人经历的两种常见模式，让我们来看看经历了什么吧。

大家看到了吗？就是一个这么简单的互动，在日积月累的重复中，变成了婴儿对这个世界的第一印象，可能是获得了健康的存在感，也可能是被剥夺了正常的存在感。

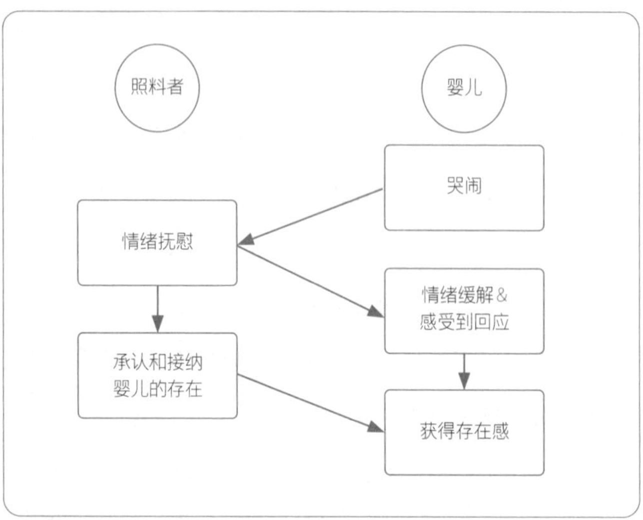

图1-1　健康的存在感

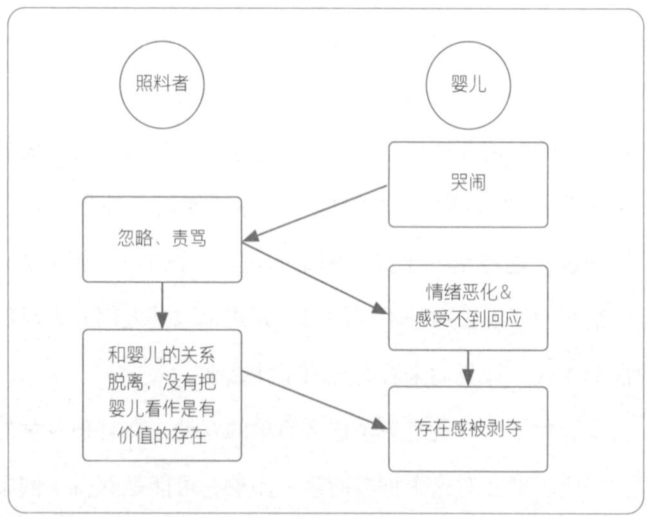

图1-2　不健康的存在感

健康的存在感的特点是，照料者在听到婴儿的声音时，能够及时地给出回应，也许这个回应并不那么完美，因为谁也没有办法准确判断出究竟婴儿是无聊了、饿了，还是拉肚子了。但是第一时间及时去一件一件确认，这个和婴儿互动的过程会让他们充分地感受到，“哦，原来我发出声音，是有人可以听到的，并且能够得到回应”，这就足够了。

而不健康的存在感会让婴儿陷入一个怪圈，一开始正常音量的哭泣，发现没人搭理自己，也许照料者可能正在忙，或者嫌婴儿烦懒得管，总之没有得到任何回应。于是可能哭得更大声了，认为这样是不是就可以得到关注。可是照料者可能会更加恼火，于是继续用忽视或者责骂这种会让婴儿产生原始恐惧的方式进行回应。那么这个时间点，可能就是人生的分岔路口了。

在婴儿不知道自己的存在意味着什么的时候，他们可能会假设自己是宇宙的中心，发出声音之后就应该收到声音，结果并没有？！这种情况下就会经历第一次的内心崩塌体验或者自我破坏性体验，“为什么我持续发出声音，却得不到任何回应呢？”甚至有的照料者是心情好的时候给回应，心情不好时就不给回应，婴儿可能又会想，“怎么我有时候哭，会有人理我；有时候哭，就没人理我呢？区别是什么呢？是我哭的声音，还是我哭的方式？”一堆问号就会在还不会说话的婴儿脑子里蔓延，婴儿这个时候还不会说话，无法产生事实记忆，但情绪记忆在3岁前就已经开始发育了，他们会依稀记得一些“感觉的片段”……

如果你现在的很多感觉说不上来具体是什么时候产生的，好像有记忆以来就有某种感觉的话，那么很可能就是这个阶段产生的。我们重点来说一下存在感，你回忆一下自己是从什么时候开始觉得自己没存在感的，如果有某个确定的时间，比如初中发生了一次被排挤的事情，所以从那个时候开始没有存在感，变成了班里的小透明，那么你的存在感确实就和后天的一个创伤事件有较大的关系。如果你发现自己好像没受到过什么创伤，人生也没有那么明显的坎坷或者挫折，也许就是在你没有事实记忆的阶段，已经有了一些情绪记忆的痕迹。

究竟谁在“操控”谁

看到这里你可能会问，婴儿一哭就过去，那父母不就被他控制了，婴儿长大后还得了？曾经在一节案例课上，我们讨论过这样一个案例，一位妈妈刚生下孩子没多久，是个男婴，妈妈发现她必须亲自抱着婴儿，他才能睡着，只要放下，就会开始哭。妈妈就评价这个婴儿是“会操控人的小恶魔”，可想而知，在以后的相处中，妈妈会带着这个评价来看待婴儿的每一个信号。婴儿真的会“操控”人吗？就像成年人之间的尔虞我诈那样，来到这个世界上没几天就开始操纵自己的妈妈？

答案是否定的。妈妈其实是将自己的情绪和想法转移到了婴儿身上，而他根本还不知道他刚到来的这个世界是怎么回事，只是在试探性地传递一些信号而已，但却被错误地解读了。于是这位妈妈后来会对婴儿进行“沉默处理”，不管婴儿哭得多厉害，也不会把他抱在怀里，而是让他自己一直哭到筋疲力尽。看似妈妈的方法奏效了，但婴儿在这段时间里究竟经历了怎样的绝望和痛苦，可能永远也无法知晓了，随后，这种情绪记忆就变成了婴儿在成人时期里无法解释的不安和恐惧。

所以究竟是谁“控制”了谁呢？准确地说，是一种不健康的习惯性模式在一代一代中用互动的方式遗传下来。这位妈妈之所以会产生这样的想法，可能和自己在家庭中接收到的信号有关。模式遗传不同于生理上的基因遗传，并非父母那里有一个“爱发脾气”的基因，在我们出生的时候，也携带了一个爱发脾气的基因。模式遗传是在一个家庭中日积月累的语言习惯、情绪习惯、沟通习惯、思维习惯等习惯中互相影响、潜移默化而形成的。

比如在前面的例子中，妈妈在还不了解自己刚出世的婴儿究竟有什么脾气秉性的时候，就判定他是会控制人的小恶魔，那么这种认知会一直伴随着婴儿后来的成长。婴儿在这种影响之下可能会变成像妈妈一样的人，因为这是他最早接触到的看待这个世界的方式。他跟妈妈提需求，妈妈会责骂他自私，不为别人考虑；那么当他在和别人相处的时候，在面对别人提出需求的时候，也会条件反射般地产生对方是不是也是一个只会利用别人的自私鬼。如此一来，模式遗传就产生了，而这个婴儿本来可以成为一个怎样的人，就变成了未知。同样的道理，妈妈为什么会是这样一个易怒的人呢？是不是同样受到了她在父母那里的影响呢？也许，妈妈究竟本来会是一个怎样的人，也是没有机会真正发展起来的。

所以我们在之后的讨论中，希望大家能够建立这样的一个意识，我们之所以追根溯源到一切开始的地方，不是为了找出罪魁祸首，找到承担责任的人，而是要找到自己形成现状的原因。每个人的原因不可能是完全相同的，能够相对客观地理解自己，才是我们的初衷。

也许我们没有办法一直追溯到那个起点，改变那个最先犯错的人，因为真的较起真儿来，一方面这个“错”可能需要追溯到你的祖父母辈，另一方面在这几代人的模式遗传中，有很多共同作用的因素，比如文化、社会等本来就存在的矛盾和冲突，这些因素并非在找出犯错的人之后就会得到解决。我们在改变自己的时候，不得不面对的一个困境是，我们只能解决在我们掌控范围里的问题，接纳了这个困境，改变才会开始，也才可能真正实现。所以接下来我们能做的是找到自己成长的起点，然后带着现在的智慧，重新书写自己的历史，然后期待更多的人的改变能够影响我们所生活的社会和世界。

方法工具箱：出生证明、访谈提问

1. 出生证明

（1）找出出生证明

如果家人善于保存各种材料和证明，可以找一个时间，让家人帮忙找出自己的出生证明。一方面，这个过程能够帮助你感受到，即使在记忆没有开始建立的时候，你作为一个个体就已经实实在在地存在了，这是一个客观存在的证明；另一方面，可以开启一个和家人的探索和沟通的过程，也能够帮助他们回忆起一些有价值的信息。

（2）想象出生画面

看着出生证明，想象自己出生的场景，来到这个世界上的画面，那是存在的开始。感受一下这个还什么都没有做的婴儿，为什么会需要回应才能感受到存在感？为什么他在和这个世界用他仅有的语言沟通的时候，会被忽视或受到恶劣的对待？这些问题对于感受存在感最初的状态是非常关键的，我们已经被成人世界对“存在感”狭隘的扭曲的定义所裹挟，通过这个过程，大家能够过滤掉杂质，回到存在感最初的样子。

（3）添加出生旁白

当你在脑海里形成了出生画面时，可以添加一段旁白，用文字的形式写出来，就像给了自己一次重生的机会。你可以重新修改对自己的期待，如果你还有质疑，也没关系，每种方法的尝试都不是一蹴而就的，你可以随时修改和更新自己的旁白，这也是一种见证自我成长的方式。

2.访谈提问

如果曾经照料你的亲人尚在，可以以下面的问题为蓝本，进行访谈提问，获取你无法自己回忆起来的重要人生经历。

（1）提问内容

问题1：刚出生的第一年，我是被母乳喂养，还是其他的方式？

问题2：我当时是爱哭闹的婴儿吗？

问题3：在我哭闹的时候，一般是谁在照顾我？用什么方式？

（2）替代方式

如果照顾你的人已经离开了，也没关系，可以找有间接关系的人帮忙回忆；如果完全没有人能够帮助你，或者因为一些原因，你不愿意进行这部分的交流，也没有关系，可以用自己知道的信息进行一定的猜测和推断。虽然未必会非常精确，但是同样能够给你提供一些参考的方向。

（3）判断标准

这些问题可以帮助我们还原本节模式图（图1-1）里所示的存在感获取路径，如果小时候是母乳喂养，照料者对于你的哭闹态度是包容接纳的，并且大部分时候能够及时回应你的需求，那么就说明初始的安全感已经建立。

如果上面三项都没有满足，那么就说明基础的存在感在这个阶段就出现了缺失，会给后面的成长带来连锁反应。

如果满足了一项或者两项，就是还不错的信任状态，虽然没有那么完美，但也是很难得的合格状态。

“完美”更像是非常理想化的一个标准，可以作为我们的参考，但不应该是绝对的目的。没有完美的妈妈，只要在自己能力范围之内努力做到足够好，就是非常了不起的妈妈。所以如果当时的照料者没能很好地给你提供养分和情感反馈，我们的目的不是追责，而是要了解自己成长的来龙去脉，理解自己成长的困境，这才是我们探索的意义。

第二节　分裂感

“好”和“坏”怎么会同时存在

在婴儿的世界里，人和事往往都是黑白分明的，但当我们长大成人后，会开始慢慢认识到好人也可能做坏事，坏人也可能发善心。可现实是，很多人哪怕已经年龄相当大了，但仍旧用非黑即白的方式来看待周遭的人和事。当所处的环境总是有很多灰色地带的时候，我们就会很容易产生分裂感，进退两难。

我们还会经历的一种分裂感是，当我们需要做一个决定时，脑子里常常有两个声音在打架。比如面对一个不适合自己的交往对象，一个声音会说，这种情况赶紧分手就对了，还等着干吗？另一个声音可能会说，你自己也有问题，不全是对方的错，也许你之后再也找不到对象，要孤独终老了。

分裂感在心理学中就是一种在“好”和“坏”同时存在的时候，个体无法融合和整合的一种状态。这种状态出现的时候，我们会感觉到轻则纠结、选择困难，一个小小的决定都无法作出；重则撕扯、生活停滞不前、原地打转、常常怀疑自己、怀疑人生。

为什么我感觉不到自己的完整

“分裂”在我们的心理发展过程中其实是一个正常出现的自我保护的功能，它通过“幻想”来实现。比如小时候我们看的童话故事，常常会看到类似“王子和公主从此幸福快乐地生活在一起”的结局，于是我们幻想他们之后真的从不吵架，再也不会遇到坏人，也不用为生计担忧。再比如，在影视剧中扮演坏人的演员，如果演技太过于出彩，常常会导致观众无法将演员本人和角色分开，认为本人也和剧中一样恶劣，在现代互联网如此发达的现在，群众的非理性幻想甚至发酵到网暴演员的程度。

我们为什么这么害怕把好和坏同时放在一个人身上呢？因为这个过程会带来混乱和危险，而人都是倾向于稳定的可预测性的。比如我们看见一条蛇，大部分人本能地会想要逃跑，因为如果被咬，可能会因为毒液进入身体一命呜呼。再比如我们看见一只小兔子，很少有人拔腿就跑，反而会称赞很萌很可爱。当我们和人相处的时候，明明知道人比动物复杂多了，但我们还是希望人如果也能这么简单地进行分类和判断就好了。比如我们交了一个新朋友，都希望对方永远不要背叛自己，甚至有些人真的认为只要做了朋友，就“不应该”发生背叛的事情，那是不能接受也是很难理解的。再比如我们谈了一段恋爱，就认为不管发生了什么，都应该相爱终身，白头偕老，一旦这个愿望被打破，就会产生对人生和对这个世界的怀疑。这样的时刻在生活中想必有很多，这些就是我们经历的“分裂时刻”。

这种不完整感的原因就在于面对“不应该的时刻”“分裂时刻”，我们无能为力，我们没有学习过在这样的情况下，可以怎么做？自我的完整并非像我们的身体器官一样是与生俱来的，相反，我们刚来到这个世界的时候，本就是不完整的。“自我”起初只是一个待发育的未破壳的蛋，这个自我之芽需要父母的呵护和滋养，才能顺利孵化。接下来就让我们一起回顾这个过程，重新经历自我的再次塑造。

妈妈是人生的第一面镜子

在你小时候，可能有很多人照顾过你，爸爸、妈妈、爷爷、奶奶、姥姥、姥爷、其他亲戚、邻居、保姆……唯独妈妈的角色是近乎不可替代的，她和你的互动会产生不可估量的影响，甚至可以说妈妈是你在这个世界上的第一面镜子。这其中有无法忽视的生物性因素，使得母亲客观上具备更多的和婴儿之间天然的纽带，比如母乳喂养、乳房的肌肤接触、母亲的激素变化等。婴儿会在没有任何认知和教育训练的情况下，自觉主动地去寻找母亲的乳房，来获得营养和情感上的慰藉；另一方面，母亲也会在较高的雌性激素、孕激素和催乳素等多种激素的刺激下，积极响应婴儿的需求，使其更容易与婴儿建立联结。

但是生物性无法控制一切，不同的母亲对于婴儿的响应程度和响应方式各不相同，成熟的人自然会对妈妈的照料有着成熟的评价和判断，但是婴儿的判断却是一刀切的。如果妈妈总是回应自己的需求，就会被婴儿认为是“好妈妈”；如果妈妈有时候没有回应自己的需求，或者用自己不喜欢的方式对待自己，就会马上被婴儿认为是“坏妈妈”。在婴儿期发展的阶段，婴儿竟不认为这两个妈妈是同一个妈妈，没有办法把两种评价和看法同时放在一个人身上。

这种看似不可思议的现象，其实就是我们前面讲的“保护机制”。在婴儿享受好妈妈的照料时，一切都是完美的，那么当“坏妈妈”的行为出现时，婴儿会觉得破坏了之前的美好和安全感，要找一个理由来解释这种破坏性的恐惧和不安，于是就干脆把妈妈在没有满足自己的需求时判定为另一个人，这样就依旧能在自己的幻想里获得一位完美的好妈妈。甚至有的婴儿对“坏妈妈”的行为会更具攻击性，比如上班回来，好久没有见到的妈妈过来抱自己，有的婴儿甚至会对妈妈拳打脚踢，想用这种方式来惩罚这个“坏妈妈”。

这种幻想在心理学上叫作“全能的幻想”。想象一下回到我们还是小婴儿的时候，我们和外界的世界没有什么真实的联系，如图1–3，没有办法像一个成人一样去探索这个世界，我们只能躺在那儿，手舞足蹈就是我们能做的所有事情了。那么在这种探索世界的资源极端缺少的情况下，我们就会创造出一个世界，这个创造的过程所依赖的就只有主观体验和幻想了。比如饥饿，就能让婴儿相信一些事情是真实存在的，那么在这个需求产生了之后，就会幻想有一个人能够魔术般地实现这个期望。当婴儿得到妈妈的母乳喂养时，这种幻想就成真了，那么这个时候给这个人一个“好妈妈”的好名头也就不足为奇了。

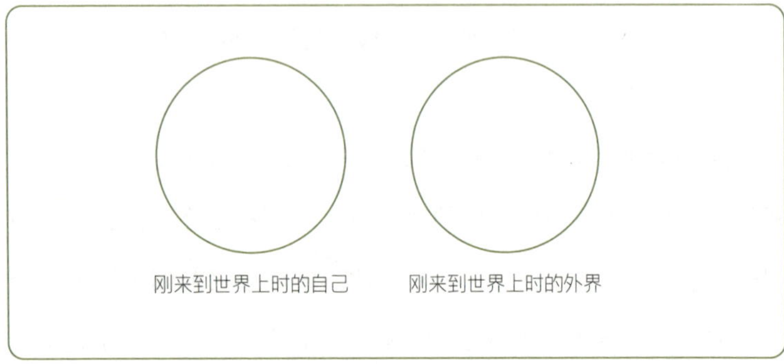

图1-3　自己和世界完全分离

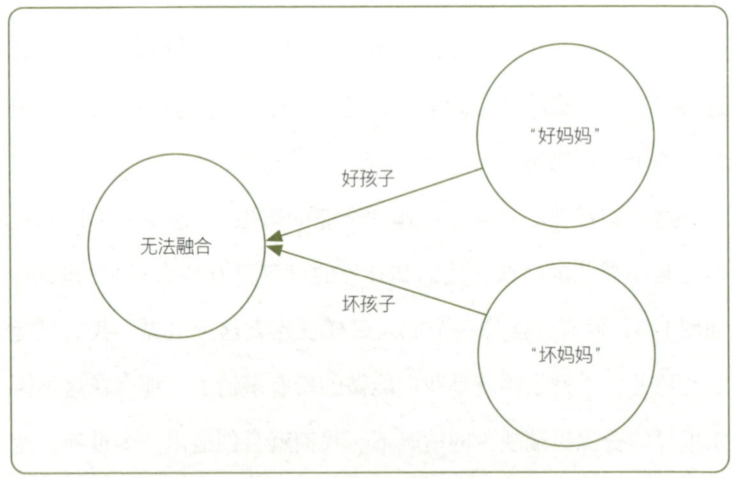

图1-4　“好妈妈”VS“坏妈妈”

如果不理解这其中的秘密，婴儿的行为就会很容易被误解，被贴上“坏孩子”的标签，那么“坏妈妈”和“坏孩子”就可能在家庭里形成一个恶性的互动循环，将这种充满恐惧和不安的关系加剧，进而失去看到“好妈妈”和“好孩子”的机会，失去建立安全关系的机会，如图1–4。知道了这个秘密，我们就不会这么简单地看待这件事情了，而是找到了和还不会说话的婴儿的一种沟通方式，那就是通过满足他们的幻想来实现一种对话。在他们只会用哭喊来表达自己的需求的时候，以妈妈为中心的照料团队就要尽可能地去配合这种对话，并且要允许婴儿的幻想产生和发展，尽量少地让婴儿去经历那种一会儿这样一会儿又那样的，不稳定又不可预测的分裂感。让婴儿去经历一段时间的“全能幻想”，这样就能够在一个生命最早期的时候，感受到自己的完整了。

在没有学心理学的时候，我也很难想象在一个还不会走路不会说话的小脑瓜里，竟然也有这么复杂的精神世界，我也把他们当成不需要太多思考如何跟他们相处的小动物。但事实并非如此，我现在也会想象曾经自己处在那个阶段时，脑子里有这么多想法，却还没有表达方式的那种无助。这就是我们理解自己的开始，哪怕距离那段时间已经过去很远，我们仍然能找到沟通的方式，这种沟通就是我们重新认识自己的方式。

完美的家庭，也会有创伤

精神分析的鼻祖西格蒙德·弗洛伊德曾说，即使成长在完美的家庭，也难免会经历创伤。怎么会这样呢？那岂不是每个人都在成长的过程中经历过创伤了？严格意义上来说，这话没错。我在刚开始学习心理学的时候，面对一个个案例，我总是下意识地先去找这个家庭中到底出什么问题了，这样就可以解释一个人为什么会成长为现在的样子，为什么会有现在的问题。这在初期的时候，的确是奏效的。比如一个有强迫倾向的人，成长过程中总有一个强势的、要求极端严格的爸爸或者妈妈；一个有边缘倾向的人，小时候都有缺爱的经历，父母很少给予情感上的满足；一个有讨好倾向的人，在家庭中很少受到重视，总是渴望向外界证明自己，得到认可……

但随着学习的深入，我发现每个人格的成长经历都是复杂的，没有办法真的实现一一对应，一个不够完善的人格就一定对应某一个创伤，我们之所以成为现在的样子，根本无法用一个原因来诠释。更令我意外的是，很多人的原生家庭并没有给他们带来什么严重的创伤。我不禁开始思考弗洛伊德的那句话，有了自己的见解——创伤体验是我们的成长过程中不得不经历的必然体验，因为当我们面对未知的时候，创伤就已经产生了。

没有一个智慧之人，也没有一本人生教科书，可以告诉我们完美的人生是怎样的。我们终此一生，一直在生物性和人性之间挣扎，在先天和后天之间寻找平衡，所以我们人生的底色就是无法避免的由未知带来的创伤感。我们现在常常会用这样的句式来调侃自己的身份——“我也是第一次做爸爸（妈妈）”，或“我也是第一次做孩子”。这样的玩笑话其实揭露了一个非常深刻的哲学核心，那就是当我们成为一个第一次体验的角色时，就决定了我们要面临挑战，而挑战就意味着超出了我们可预见的能力范围，这其中必然会有挫折和失败。

妈妈在所有照料者中的角色非常重要，在婴儿还无法融合“好妈妈”和“坏妈妈”的时候，当然要尽力而为，更多地为婴儿提供“好妈妈”的体验，但多好的妈妈才足够呢？精神分析流派的温尼科特提出了“足够好的母亲”的概念，用来描述为使婴儿获得好的生活开端而提供充分满足的父母的作用。一个足够好的母亲会适时调整自己的照料方式，以适应婴儿需求的变化，并且有一个非常了不起的技能，那就是“原始母爱的全神贯注”，是母亲对婴儿的需求的一种领会状态。这种状态需要母亲紧紧跟随着婴儿的需要，就像是她自己的一部分需要一样。但是这个过程不是无限度持续下去的，当婴儿在这种安全的、足够好的环境中慢慢成长起来时，妈妈就需要慢慢减少这种依赖，最典型的一个例子就是“断奶”。

医生会建议母亲在婴儿八个月到一岁之间断奶，超过这个时间，反而会影响婴儿的身体发育。心理学家同样也很重视断奶的过程。我在断奶的时候，有一个有趣的故事，父母常常拿出来一起逗乐。我在刚刚学会走路的时候，大概是一岁多，父母决定给我断奶，这个过程我不记得了，但是据父母的描述，我有点不适应，在院子里转来转去，结果一屁股坐在了仙人掌上。他们哭笑不得，开始一根一根给我拔屁股上的仙人掌刺，但也没有因此心软而延迟我断奶的时间。虽然在断奶的过程中会经历一些小插曲，有些婴儿的反应可能会更强烈一些，但这就是必须经历的过程，家长要做的不是延迟这个时间，而是一起陪伴婴儿度过这个时间，婴儿感受到独立性的同时，也能够感觉到信任和支持。

相反，如果婴儿在开始培养独立性的时间还继续依赖母亲过度的照顾，会延迟婴儿的心理成长。一旦这种依赖形成模式，等母亲真的觉得婴儿应该长大成人的时候，就有点儿晚了。网络上常常能听到这样的事情，父母禁止孩子在18岁之前谈恋爱，但是一旦过了18岁，上了大学了，就马上让孩子寻找结婚对象。这其实就是一种教育的误区，真正的独立性应该是从婴儿刚出生的时候就在有意识慢慢培养的，并非以18岁为绝对界限，无法想象一个人昨天还是孩子，今天就奇迹般地长大成人了。

在“足够好的母亲”这个概念中，还有一个小细节是不能忽略的，温尼科特在提出这个概念时，特别强调是“父母的作用”，并非特指妈妈一个人的作用。父亲应该是怎样的角色呢？那就是“辅助支持的作用”，我很喜欢用“助理”这个概念来解释这种配合的关系，母乳喂养自然会受到生理构造的限制，父亲无法替代，但是父亲要做好妈妈照顾婴儿时的助理，帮她分担一些力所能及的琐碎事情，以及情绪上的照顾。甚至可以简化为，妈妈照顾婴儿，爸爸照顾妈妈，这便是一对“足够好的父母”了。但即便如此，创伤仍旧是在所难免的，父母无法预料到一切，也无法永远待命，婴儿总是会经历一些无助的时刻。所以有创伤的人生，并不是例外的不幸的人生，是我们每个人都在经历的人生。只是有些创伤太大太痛，我们还没有找到理解和消解的方式，我们在接下来的内容中继续慢慢探索，我相信大家会有自己的答案和方式。

方法工具箱：分裂时刻、断奶访谈、融合练习

1.分裂时刻

找出对你来说最不能接受的3个“不应该时刻”，比如前文中提到的“朋友就不应该背叛”“伴侣就不应该分开”等“不应该规则”，这些时刻代表着你最分裂、最不能融合的核心部分。想要逐渐变成完整的自己，关键是找出你在什么地方是不完整的。

2.断奶访谈

和父母做一个简单的访谈，询问和确定与断奶相关的一些重要信息，可以帮助我们了解最初的独立性和完整性是否建立起来。

（1）提问内容

问题1：我是在几岁断奶的？

问题2：我断奶的时候，有什么不适应的表现吗？

问题3：在我有不适应的表现时，你们是如何处理和应对的？

（2）访谈信息思考

完整性起点的顺利建立：如果你在1岁左右开始进行断奶，在出现不适应表现的时候，父母用包容和支持的方式陪伴你度过这个过程，那么你的独立性和完整性起点的建立就是不错的。

完整性起点的延迟建立：如果你在两岁后还未断奶，而且断奶的过程由于父母不知道怎么处理你的不适应表现，并进行了延迟断奶的行为，那么可能会影响完整性开始建立的时间，婴儿对家人的依赖可能会增强，成人后无法顺利地开始独立生活；如果断奶并未延迟，但是父母面对你不适应的表现是苛刻严厉的，那么可能会增加你的不安全感（关于安全感，我们会在本章第三节重点讨论）和对自我完整性的怀疑。

完整性起点的过早建立：如果你断奶的时间过早，十个月之前就断奶了，可能会影响你和家人的基本亲密度，距离感比较强，不容易亲近。

3.融合练习

现在我们收集到了“分裂时刻”和“断奶时刻”的信息，可以开始进行一些基础的融合练习了，开始试着体验重新塑造我们融合的过程。虽然我们在婴儿期的时候错过了这个融合的起点，但并不是无法补救的，我们可以进行模拟和重新学习，最终实现自我的完整性。

（1）锁定分裂时刻

从第一步的分裂时刻当中选出一个时刻，作为我们进行融合练习的对象，比如拿我自己来说，“别人不应该拒绝我的请求”是我之前很长时间的一个分裂时刻。我很少向别人提出请求，除非是在不得已或者没有办法的情况下才会发出请求，所以在我的规则里，我已经这么困难了，而且提出了并不过分的请求，为什么还会有人拒绝我呢？每当这个时候，我就会陷入一种二元对立的状态中，我会认为拒绝我的人，哪怕是很好的朋友，在这个时刻，都瞬间变成了“坏人”。一旦找出了这个时刻，就意味着你完成了这一步。

（2）建立和“好妈妈”“坏妈妈”的联系

当我们很容易把外界的人和事用非黑即白的方式来看待的时候，很有可能是因为在家庭的成长中，你感知到的父母处在“好妈妈”状态中的比例，不能总是满足你的需求。也许是父母的确失职，也许是父母在自己的能力范围内已经足够尽力，只是和你的需求之间出现了落差。不管是哪种情况，我们都不再把注意力放在对谁的怪罪上，而是客观地去理解这其中的因果关系。只有建立了这种以理解自己为目的的联系，我们才能真正长大，否则会一直陷在某种缺失中无法动弹。

（3）主动断奶

如果我们总是把各种“不应该”的规则抓得死死的，其实就是一种对缺失的需求渴望被满足的没有自我的状态，是一种拒绝长大的表现。你希望世界按照你制定的规则运转，就像是在婴儿阶段的时候，你希望照顾自己的父母总是一个“好妈妈”一样，能够满足自己所有的愿望，否则就是“坏妈妈”。不用强迫自己长大，不用强迫自己断奶，但你需要知道的是，现在生活中处处感受到的自我不完整的状态是因为自己还不想长大，还不想断奶。你可能害怕自己一旦决定尝试用成人的方式来处理问题，就会失去小时候自己真正想要的东西。

这其实是一个误会，因为爱的形式已经发生了变化，在你还是婴儿时，你能够感受到的爱是“满足自己的一切需求”。而随着你年龄的增长，爱会逐渐变成“帮助你独立”“帮助你有自己的主见和想法”“帮助你学会承担责任”等。如果你将爱囚禁在那唯一的婴儿般的定义里，你的自我也就没有机会发展起来，分裂时刻是必然的结果，而不是你获得爱的方式。

这一切都不必着急，如果现在还没有完全做好准备，也不用强迫自己改变一直习惯的方式。你要做的只是理解自己就好，然后慢慢等待自己做好准备长大的时刻。

第三节 安全感

普通的生活，却变成了战场

没有安全感，我们就“不敢”做任何事情。不敢在课上回答问题，不敢在工作中表达想法，不敢靠近喜欢的人，不敢在感情中做自己，不敢面对未知和迎接挑战……在这无数的“不敢”中，这个世界对于我们来说就是一个充满危险的陷阱，每走一步似乎都有掉进深渊的可能。

安全感全部丧失的人是什么状态呢？我第一反应想到的是在战争中幸存下来，但患上创伤后应激障碍（PTSD）的老兵。他们在战争中需要时刻保持警惕，不然下一秒死的就是自己，他们就是靠着这种极端的敏感度幸存下来的，但当他们回到正常的生活中时，反而成了另一种“杀手”。如果有人从后面拍他们，想跟他们打招呼，可能会被误认为是敌人，然后被误伤；如果有陌生人快速地从身边跑过，其他人都可以若无其事，但是他们可能会迅速想找地方躲起来，以为有人袭击自己；如果大街上有什么大的声响，比如节假日的烟花声，可能会让他们心跳过速，难以承受……

这些并不只是老兵才会经历的，当普通人处在没有安全感的状态下时，就好似生活在一场无形的战争中，处处都是危险。正如我开头所说，没有安全感，在学校、公司、家庭中，都会产生应激反应，有些危险是真实存在的，但更多的时候，是我们曾经经历的创伤留下的幻影，把本没有危险的生活改造成了战场。

安全感就是健康的自恋

我们常常把“自恋”作为一个贬义词去使用，当我们用自恋形容一个人的时候，大概是想说这个人过分关注自己了，无法客观地看待自己，自恋的状态是令人反感的。但在心理学中，自恋其实是一个中性词，是描述对自己的一种依恋状态，不过的确有健康的自恋和不健康的自恋之分。

健康的自恋是这样一种状态：首先，你能感受到自己的存在，不会觉得自己是可有可无的透明人；其次，你有一些自己的规则，用来判断人际关系和生活的环境；最后，当你的存在遇到一些挫折或者困难的时候，你可以依靠你的规则来应对，并且你喜欢和相信你的规则对你自己是有好处的，可以让你更好地生活。同时你也喜欢和认同自己这样一种存在的状态，让你可以认可、依赖。

而不健康的自恋是这样一种状态：首先，你有时觉得自己应该卑微到尘埃里，从这个世界上消失也没关系，有时你又会觉得自己是世界的中心，你的事情最重要，比天还要大，这个时候你的眼中也无法装下任何人。其次，你常常需要依赖别人的规则来帮助你做判断、做决定。在学校里，老师就是绝对的权威；在工作中，老板是绝对的权威；在感情中，伴侣是绝对的权威，如果没有他们的存在，你不知道自己应该做什么；还有可能是完全相反的面，也就是老师、老板和伴侣都是你的工具人，你无所谓他们是怎么想的，有什么感受，只需要实现你的目标就可以了。最后，当你遇到困难的时候，你的第一反应是慌张、迷茫，要不就是赶紧抱住身边的人，作为你的救命稻草，要不就是牺牲掉你的工具人，不去承担任何责任。

所以安全感其实就是一种健康的自恋状态，当自己一个人的时候也可以依赖自己的一种安心的状态。听起来安全感是一种自我给予的感受，对于成年人来说，的确如此，但是我们在还是婴儿的时候，这个安全感是无法自己提供的，需要依赖我们当时的环境以及照顾我们的人。怎样的照料才能使我们产生原始的安全感，在前两节中都有讨论，这里我们再回顾一下。

在一岁左右断奶前的时间，是我们几乎需要完全依赖外界来感受安全感的阶段，我们所有的生活需求都需要用哭喊的方式来获得外界的帮助，比如饥饿、排泄等。在这个阶段，我们期待饿了就能马上吃奶，排泄了马上就有人来清理干净……如果大部分的情况下，这些需求都被很好地照顾到了，那么原始的安全感也就形成了，偶尔没有被满足的情况，虽然会让婴儿经历一定的负面体验，但并不会影响安全感的建立。如果这个阶段的安全感初始值比较高，那么即便后来经历断奶、摔倒、尿裤子等早期挫折，我们也不容易受到心理上的伤害，能更好地进入独立阶段。

我是什么类型的安全感

“自恋”来自“他恋”——如果没有人给你展示“恋”是什么，你是不明白的；如果你最信任的人告诉你“恋”是什么，不断地用行为告诉你，你很容易就相信了，并认为那就是自己的位置。所以安全感最初的来源就是和亲近的人（大部分时候是母亲，以下都用母亲代指）的依恋模式，比较经典常见的就是四种模式，分别为安全型依恋、回避型依恋、焦虑型依恋和冷漠型依恋。

安全型依恋（secure）：这类婴儿和母亲在一起的时候，非常安心和舒心，但并不总是依赖和母亲的互动，可以自娱自乐。当母亲离开的时候，会表现出明显的苦恼，但当母亲回来时，也会立即寻求和母亲的接触，并且能很快回到安心和舒心的状态。

回避型依恋（insecure-avoidant）：这类婴儿在母亲靠近或离开的时候，都不会有强烈的互动兴趣。在母亲靠近时他们可能不予理会或者短暂接近又离开，甚至可能会有忽视或躲避行为；在母亲离开时也不会有明显的紧张或忧虑，就好像母亲和陌生人没有差别。

焦虑型依恋（insecure-ambivalent）：这类婴儿对母亲的离开会有强烈的反抗情绪，母亲回来时也会寻求和母亲的接触，但同时仍会有反抗的情绪，无法被快速安抚，很难回到舒心和安心的状态。

冷漠型依恋（insecure-disorganized）：这种依恋类型的不安全程度最高，多有被虐待或被忽视的经历，这类婴儿对母亲表现出持续的冷漠。

除了第一种属于安全型依恋（人群中占比约63%）之外，回避型（20%）、焦虑型（13%）和冷漠型（4%）都代表着不同类型的不安全依恋。这让我想到在学习家庭治疗的时候，课本里令我印象非常深刻的一句话：幸福的家庭是相似的，不幸的家庭各有各的不幸。后来我才知道这是列夫·托尔斯泰所著《安娜·卡列尼娜》中的名句，在不断积累的咨询经验中，我对这句话体会越来越深了。

如果我们把幸福等同于拥有安全感，那么我们在脑海中勾勒出一个幸福的人的样子可能是非常相似的——和喜欢的人在一起可以表达自己的爱，遇到挫折也可以互相沟通支持，共同努力解决；如果因为一些原因分开，也会痛苦和难过，但仍旧是一个完整的人，不会因为一个人的离开就变得支离破碎。就像小的时候对待母亲离开的方式一样，长大后面对相似的情境，也会因为自己的依恋模式而这样应对。这里面传递了这样一个重要信息，那就是在很小的时候就表现出来的依恋模式，在成人后也会以大人的方式显露出来。内核没变，变的只是依恋的人和相关的事。

安全型依恋（secure）：安全型的人和别人亲密并不觉得困难，既不担心会被别人抛弃，也不会担心别人和自己太过亲密；既能安心地依赖别人，也能够让别人依赖自己。

焦虑型/痴迷型依恋（preoccupied）：焦虑型的人有自己更偏好的依恋方式，如果别人不按自己期望的方式和自己亲密，就会不舒服。可能还会经常担心伴侣是不是真的想和自己在一起，担心被抛弃。如果试图和伴侣非常亲密，有时那种强烈程度会吓跑别人。

疏离/回避型依恋（dismissive）：回避型的人和别人亲密会觉得有些不舒服，不能完全相信和依赖别人。当别人和自己太过亲密的时候，也会变得非常紧张；如果别人要求自己更亲密些的时候，也会感到不自在。

恐惧/混乱型依恋（fearful-avoidant）：这是一种复杂的依恋类型，处在这种状态中的人，会同时期待亲密但又恐惧亲密。内心希望有人喜欢自己，但真的被表白的时候，可能又会被吓跑。

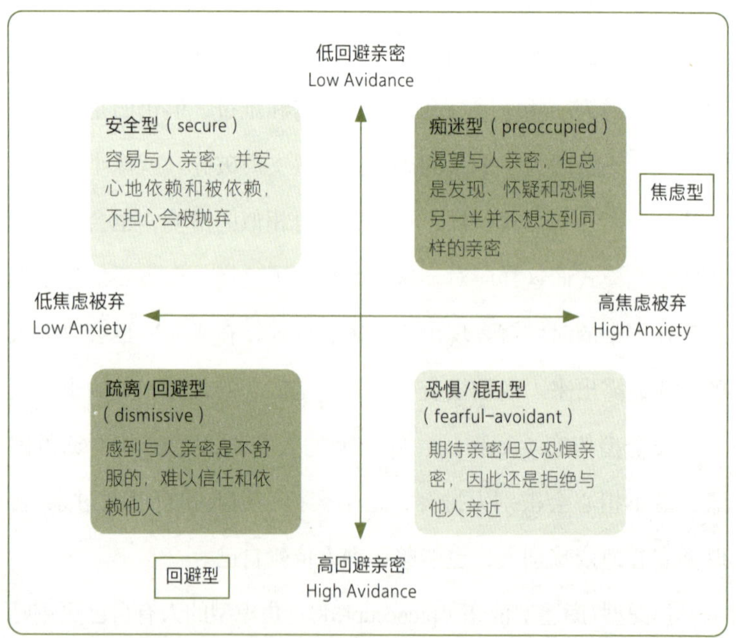

图1-5　亲密关系类型图谱

但是对方如果后撤，他们可能又会变得积极热情起来，就这样来回拉扯，处在一种没有头绪的混乱中。

一般没有人完完全全吻合其中某一种类型，大部分都是有些明显的倾向，但会和其余的类型有交集或者是一种混合状态，不必纠结自己究竟是哪种类型，如果实在分不清，可以直接参考图1–5来了解自己，你只需要去看两个维度，一个是焦虑程度，一个是回避程度，你可以在坐标轴上找到自己的位置，就能很清楚知道自己是哪种类型。比如你特别担心被抛弃，但又不回避亲密，那就是痴迷型；比如你不是特别担心被抛弃，但又不是特别喜欢亲密，那就是回避型。

了解自己究竟是什么类型的亲密关系模式，一方面可以帮助你理解自己有时候反复无常或者莫名其妙的行为，持续不断地处在混乱状态中对我们的心理能量必然是一种消耗，所以即便我们暂时还不能解决一个问题，但知道问题的核心和本质是什么，我们的内心就会安定一些。另一方面也可以帮助你去理解自己的伴侣和你所处的关系状态，很多亲密关系中的矛盾和问题，并非“哪儿不好，改了就行”这么简单，只有意识到问题的根源，才能够理解有些问题不是一朝一夕就能改变的，因为那将代表着对一个人彻底的颠覆。希望这种理解可以使你自己或者你的感情生活多一些自我支持和互相支持，“解决”是一个很遥远的目标，而“理解”近在眼前，带着问题生活，学会掌控问题，而不是消灭问题，是我更倡导的一种生活方式，才是真正的自我接纳。

“月亮绕地球”保护法

不论是什么类型的依恋状态，我们想要的安全感方式其实差异并没有那么大，我把这种适用于各类婴儿的保护方式称为“月亮绕地球”保护法。在天文学发展初始，人类曾天真地以为自己生活的地球就是这个宇宙的中心，不管是太阳还是月亮，都是在围绕地球转，为我们提供能量。但后来我们知道，地球只是宇宙中无数星体中的一颗，我们都围绕太阳转，只有月亮一直跟随我们。这个过程很像一个人的成长过程，起初我们认为自己就是世界的中心，所有人都应该围着自己转，那最好的建立安全感的方式，就是满足这一点。

在婴儿期，这个需求是最强烈的，所以妈妈在婴儿出生的第一年，也确实是最辛苦的，要时刻围绕婴儿转。这个时候，整个家庭要把妈妈作为中心，所有的家庭成员都要围绕妈妈转，这样就形成了一个非常稳固的“婴儿中心—妈妈中心—家庭支持系统”。

但这个系统的实现依赖的其实并非仅仅是一个家庭的责任，来自社会的现实压力很大程度上在阻碍它的完善，比如女性生育后重回职场的问题，以及传统文化中还未完全消除的性别地位问题等。一方面，来自职场的压力，让妈妈不敢安心地陪婴儿度过最重要的第一年；另一方面，没有工作在很多人眼中仍旧被认为是对家庭没有贡献的表现，所以很难获得其他家庭成员的全力支持，反而变成了一个人的责任和负担。理由往往是“你什么都不干，就在家看婴儿，有什么好累的，还需要什么帮忙”，但这个真的是对照顾婴儿最大的误解。如果我们想要给婴儿营造一个“月亮绕地球”的保护成长系统，那就意味着你的注意力是实时待命的状态。下面我来描述一下一个一岁左右的婴儿在这种保护系统中的画面。

我的一个好朋友，也是我的本科同学，她有一个一岁多的女儿，小名叫豆豆。她也跟我一样，特别喜欢把心理学用在自己的生活里，于是她就在孩子出生前翻出了我们曾经的《发展心理学》的课本重新复习，准备在孩子成长的过程中用最适合孩子心理状态的方法来陪伴她。有一天我去她家里做客，我观察她和婴儿的互动方式，就是“月亮绕地球法”的现场版。因为她需要全职照顾豆豆，而我也是工作繁忙，很久没有见面了，所以我们肯定有很多话要说，在我们说话的时候，豆豆就自己在床上爬来爬去。我朋友的眼神几乎一直在豆豆身上，哪怕在跟我说话的时候，一旦豆豆快爬到床边了，她能瞬间移动到豆豆身边，把豆豆抱回来。豆豆有时候自己爬得无聊了，也会靠近我们，找她妈妈，看她有没有在关注自己，这个时候我朋友一定会特别积极地回应她。

这个过程描述起来似乎很简单，但真正做起来确实不容易，妈妈的社交生活显然会受到影响，比如哪怕我到朋友家来找她聊天，也不可能是完全专心的，毕竟她现在是围绕着豆豆这个小地球的月亮妈妈。可人生在某个阶段，总会有不同的优先级，一个家庭要作为一个团队来努力，我这个朋友也很荣幸我能成为她的支持系统，即使她没办法很专心地跟我说话，但我也表示极大的理解，并且认为这已经是她能做的最大努力了，不介意我看到蓬头垢面的她，对于有豆豆之前的她，这都是难以想象的。就在我们聊天的过程中，她的丈夫回来了，而我正好也有机会观察到他们的“婴儿中心—妈妈中心—家庭支持系统”。

她的丈夫回来之后就马上承担起了哄豆豆的责任，把豆豆带到别的房间玩，让她可以享受一段跟朋友相处的时光。没多久，豆豆的爷爷奶奶就把晚饭给我们送过来了，他们住得很近，平时也经常来照顾夫妻俩的生活，减轻一些他们的负担。他们不会要求全职的她承担所有的家务活，也理解她的丈夫在外奔波的辛苦。看到这样的画面，我真是打心眼儿里替豆豆感到幸福，在这样的家庭中成长，想不幸福都难。这也一直是我坚持做科普的意义，我希望更多的曾经经历家庭创伤的孩子都能够学会理解自己的经历，然后学习成为自己理想中的家长，在和下一代的关系重塑中，也能够治愈自己。这个方法在后续的人生阶段中还会继续发挥重要的作用，在这个阶段的解读就先到这里，接下来我们看看自己的安全感水平究竟如何。

方法工具箱：安全感自检手册

安全感常常被提起和讨论，但安全感不能简单地用有或者没有来评价。究竟安全感在生活中是怎样的表现？我们的不安是否真如我们假设的那般强烈？也许这个自检手册可以帮我们找到答案。

马斯洛《安全感—不安全感问卷》

临床心理学家马斯洛（A.H.Maslow）结合自己的临床实践，编制了《安全感—不安全感问卷》。一共75道题，大家可以找一个安静的地方，带着平静的心情，花10分钟时间完成。

请在能够代表你第一反应的圆圈里画“√”来作答，选择最符合你情况的一项。如果实在不好回答，可以选择“不清楚”一项。以下题目均为单选题。

1. 我通常更愿与别人待在一起，而不是一个人独处。

○是　　○否　　○不清楚

2. 在社交方面我感到轻松。

○是　　○否　　○不清楚

3. 我缺乏自信。

○是　　○否　　○不清楚

4. 我感到自己已经得到了足够的赞扬。

○是　　　　○否　　　　○不清楚

5. 我经常对世事感到不满。

○是　　　　○否　　　　○不清楚

6. 我感到人们像尊重他人一样地尊重我。

○是　　　　○否　　　　○不清楚

7. 一次窘迫的经历会使我在很长时间内感到不安和焦虑。

○是　　　　○否　　　　○不清楚

8. 我对自己感到不满意。

○是　　　　○否　　　　○不清楚

9. 我通常不是一个自私的人。

○是　　　　○否　　　　○不清楚

10. 我倾向于通过逃避来避免一些不愉快的事情。

○是　　　　○否　　　　○不清楚

11. 当我与别人在一起时，我也常常会有一种孤独的感觉。

○是　　　　○否　　　　○不清楚

12. 我感到生活对我来说是不公平的。

○是　　　　○否　　　　○不清楚

13. 当朋友批评我时，我是可以接受的。

○是　　　　○否　　　　○不清楚

14. 我很容易气馁。

○是　　　　○否　　　　○不清楚

15. 我通常对绝大多数人都是友好的。

○是　○否　○不清楚

16. 我经常感到活着没意思。

○是　○否　○不清楚

17. 我通常是一个乐观主义者。

○是　○否　○不清楚

18. 我认为我是一个相当敏感的人。

○是　○否　○不清楚

19. 我通常是一个快活的人。

○是　○否　○不清楚

20. 我通常对自己抱有信心。

○是　○否　○不清楚

21. 我常常感到不自然。

○是　○否　○不清楚

22. 我对自己不是很满意。

○是　○否　○不清楚

23. 我经常情绪低落。

○是　○否　○不清楚

24. 在我与别人第一次见面时，我常常感到对方可能不会喜欢我。

○是　○否　○不清楚

25. 我对自己有足够的信心。

○是　○否　○不清楚

26. 我通常认为大多数人都是可以信任的。

○是　○否　○不清楚

27. 我认为，在这个世界上，我是一个有用的人。

○是　○否　○不清楚

28. 我通常与他人相处得很融洽。

○是　○否　○不清楚

29. 我经常为自己的未来发愁。

○是　○否　○不清楚

30. 我感到自己是坚强有力的。

○是　○否　○不清楚

31. 我很健谈。

○是　○否　○不清楚

32. 我感觉自己是别人的负担。

○是　○否　○不清楚

33. 我在表达自己的感情方面存在困难。

○是　○否　○不清楚

34. 我时常为他人的幸运而感到欣喜。

○是　○否　○不清楚

35. 我经常感到似乎遗忘了什么事情。

○是　○否　○不清楚

36. 我是一个比较多疑的人。

○是　○否　○不清楚

37. 我通常认为这个世界是一个适于生存的好地方。

○是 ○否 ○不清楚

38. 我很容易不安。

○是 ○否 ○不清楚

39. 我经常反省自己。

○是 ○否 ○不清楚

40. 我是在按照自己的意愿生活，而不是按照其他什么人的意愿在生活。

○是 ○否 ○不清楚

41. 当事情没办好时，我为自己感到悲哀和伤心。

○是 ○否 ○不清楚

42. 我感到自己在工作和职业上是一个成功者。

○是 ○否 ○不清楚

43. 我通常愿意让别人了解我究竟是一个怎样的人。

○是 ○否 ○不清楚

44. 我感到自己不能很好地适应生活。

○是 ○否 ○不清楚

45. 我经常抱着“车到山前必有路”的信念而坚持将事情做下去。

○是 ○否 ○不清楚

46. 我感到生活对我来说是沉重的负担。

○是 ○否 ○不清楚

47. 我被自卑所困扰。

○是 ○否 ○不清楚

48. 我通常自我感觉良好。

○是 ○否 ○不清楚

49. 我与异性相处得很好。

○是 ○否 ○不清楚

50. 在街上，我曾因感到人们在看我而烦恼。

○是 ○否 ○不清楚

51. 我很容易受伤害。

○是 ○否 ○不清楚

52. 在这个世界上，我感到温暖。

○是 ○否 ○不清楚

53. 我为自己的智力而忧虑。

○是 ○否 ○不清楚

54. 我通常使别人感到轻松。

○是 ○否 ○不清楚

55. 对于未来，我隐隐有一种恐惧感。

○是 ○否 ○不清楚

56. 我的行为通常很自然。

○是 ○否 ○不清楚

57. 我通常是幸运的。

○是 ○否 ○不清楚

58. 我有一个幸福的童年。

○是　○否　○不清楚

59. 我有许多真正的朋友。

○是　○否　○不清楚

60. 在多数时间中我都感到不安。

○是　○否　○不清楚

61. 我不喜欢竞争。

○是　○否　○不清楚

62. 我的家庭环境很幸福。

○是　○否　○不清楚

63. 我时常担心会遇到飞来横祸。

○是　○否　○不清楚

64. 在与人相处时，我常常会感到很烦躁。

○是　○否　○不清楚

65. 我通常很容易满足。

○是　○否　○不清楚

66. 我的情绪时常会一下子从非常高兴变得非常悲哀。

○是　○否　○不清楚

67. 我通常会受到人们的尊重。

○是　○否　○不清楚

68. 我可以很好地与别人配合、协同工作。

○是　○否　○不清楚

69. 我感到不能控制自己的情感。

○是　　○否　　○不清楚

70. 我有时感到人们在嘲笑我。

○是　　○否　　○不清楚

71. 我通常是一个比较难接近的人。

○是　　○否　　○不清楚

72. 总的说来，我感到世界对我是公平的。

○是　　○否　　○不清楚

73. 我曾经因怀疑一些事情并非真实而苦恼。

○是　　○否　　○不清楚

74. 我经常受到羞辱。

○是　　○否　　○不清楚

75. 我经常感到自己被人们视为异乎寻常。

○是　　○否　　○不清楚

表1-1　安全感—不安全感问卷记分说明

1Y	2Y	3N	4Y
5N	6Y	7N	8Y
9Y	10N	11N	12Y
13Y	14N	15Y	16N
17Y	18N	19Y	20Y
21N或?	22N	23N	24N
25Y	26Y	27Y	28Y

续表

29N	30Y	31Y	32N
33N	34Y	35N	36N
37Y	38N	39N或?	40Y
41N或?	42Y	43Y	44N
45Y	46N	47N	48Y
49Y	50Y	51N或?	52Y
53N	54Y	55N	56Y
57Y	58Y	59Y	60N
61N	62Y	63N	64N
65Y	66N	67Y	68Y
69N	70N	71Y	72Y
73N	74N	75N	

说明：

Y=是，N=否，？ =不清楚。

凡是选择与上表中一致的记零分，其余的一律记1分。将所有题目的得分相加即为最后得分。

0 ~ 24分：安全感充足。

25 ~ 30分：有不安全感的倾向。

31 ~ 38分：具有一定程度的不安全感。

39分以上：具有严重的不安全感，可能存在心理障碍。

对于具有安全感和具有不安全感的人，马斯洛从14个方面进行了对比，详见表1–2。

表1-2　安全感VS不安全感说明

缺乏安全感的人	具有安全感的人
（1）感到被拒绝、不被接受，感到受冷落或受到嫉恨、歧视。	（1）感到被人喜欢、被人接受，能从他人身上感受到温暖和热情。
（2）感到孤独、被遗忘、被抛弃。	（2）感到归属，感到是群体中的一员。
（3）经常感到威胁、危险和焦虑。	（3）有安全感，无忧无虑。
（4）将世界、人生理解为危险、黑暗、敌意、挑战，像一个充满互相残杀的角斗场。	（4）将世界和人生理解为惬意、温暖、友爱、仁慈。
（5）将他人视为基本上是坏的、恶的、自私的或危险的。	（5）将他人认为基本上是好的、善的、友好的、善意的。
（6）对他人抱以不信任、嫉妒、傲慢、仇恨、敌视的态度。	（6）对他人抱以信任、宽容、友好、热情的态度。
（7）有悲观倾向。	（7）有乐观倾向。
（8）总倾向于不满足。	（8）总倾向于满足。
（9）有紧张的感觉以及由紧张引起的疲劳、神经质噩梦等。	（9）有轻松、平静的感觉。
（10）表现出强迫性内省倾向、病态自责、自我过敏。	（10）开朗，表现出客体中心、问题中心、世界中心倾向，而不是自我中心倾向。
（11）有负罪和羞怯感，自我谴责倾向，甚至自杀倾向。	（11）自我接受，自我宽容。
（12）被种种自我估价方面的情绪所困扰，如对权力和地位的追求、病态的理想主义、对钱和权势的渴求、对特权的嫉恨、受虐倾向、病态的柔顺、自卑等。	（12）为问题的解决而争取必要的公平，关注问题而不是关注对方的人格。坚定、积极，有良好的自我估价。
（13）不停歇地为更安全而努力，表现出各种神经质倾向、自卫倾向、逃避倾向、幻觉等。	（13）以现实的态度来面对现实。
（14）自私，以自我为中心。	（14）关心社会，乐于合作、善良、富于同情心。

第四节　信任感
对自己无条件的爱

生命的开始，一个人如果感受到了存在感，经历了从分裂到完整的过程，得到了无条件的安全感，那么对这个世界、对这个世界上的人、对生活在这个世界上的自己，就产生了信任。很多人常常说自己“不自信”，追溯到源头，其实就是“不相信自己”，也就是“和自己没有建立一种信任关系”。我们现在知道了，信任感其实就是由存在感、完整感、安全感组成的，那是不是可以像拼图一样，把它们串联在一起，找到组成信任感的方式呢？

无法相信任何人，包括自己

我的童年并不顺利，因为父母工作的缘故，总是和他们分分合合，幼儿园就换过三个地方，在我模糊的记忆中，很早就有了“自己总是一个人”这个的概念。按理说，孩子的“自我意识”其实在幼儿园的时候并不会明显地发育起来，他们会觉得这个世界上的其他人，不管他们在哪个视角，和自己看到的画面都应该是一样的，这就是著名的“三山实验”——如果你让一个刚上幼儿园的孩子和你玩一个游戏，桌子上有一个假山的模型，从不同位置去看，模型的样子是不一样的。让孩子围着假山模型绕一圈，看清楚不同位置的模型长什么样子，然后在一处停下，和你面对面站立，这个时候你问孩子：“你看到的和我看到的是不是一样的呀？”孩子会纳闷儿地回答“当然是一样的”，而且会很奇怪你为什么问这个问题。

如果不是在本科实践课的时候亲自经历过和孩子的这个对话，我是很难相信原来自己也曾在他们这样的年纪，对这个世界的认知是这么简单。可惜我没有这段记忆，有的是强烈的自我意识，感觉自己和身边的孩子不同的自我意识，感觉自己所想和别人所想有巨大差异的自我意识，这一切都与存在感、完整感和安全感这三个拼图没有在对的时间找到它们对的位置有关。

在完成这本书的同时，我也用自己给出的练习题来进行自我探索。对我触动最大的是出生证明，我的姥姥在世的时候，曾在一次偶然的时机给我看过我的出生证明。那张纸皱皱巴巴的，上面有我的名字和出生日期，好像还有医院的名字，其他记不清了。当我回忆起那个画面的时候，我感受到我自己是真实存在的事实，而在之前很长的一段时间里，我似乎都是在依赖外界的反馈来感受自己的存在。

比如我很早就在网络上做心理科普，写过文章、拍过视频，除了我真的希望让更多的人都能用心理学来了解和认识自己的动机之外，这也是我能够感受到自己存在的方式。因为我发出的声音，有人看到了，而且给了我回应。这就像我们在前面的内容里讲到的，你的啼哭是你向这个世界发出的信号，你是通过外界来给你喂奶、换尿布，或者逗你开心这样的反馈来感受到自己的存在的。而我在小的时候，并没有得到过“月亮绕地球”般的呵护和保护，我常常被锁在家里，只有动画片和我做伴儿，而这样的反馈对于一个正在建立对这个世界的信任的孩子来说，是远远不够的。所以总是想把自己的想法分享给更多的人，似乎就是我在重新给自己塑造一个成长的机会，来弥补最初的缺失。

因为在生命之初，得到来自外界的亲密的人的强有力反馈太少了，所以在长大的过程中，很难真正相信一个人，所有建立的关系都会隐约觉得是某种条件的交换才得以实现。比如老师喜欢自己是因为自己乖巧听话，同学喜欢自己是因为成绩好可以给他们讲题，而讽刺的地方在于，我并非时刻乖巧听话，也很少有同学来找我讲题，这种有条件的喜欢，其实是我的一种幻想，因为我并没有体会过“无条件的爱”是什么样子的，所以我只能假设和猜测。当一个人总是用一种方式去做假设的时候，那么他的心理模式就产生了，心理模式一旦产生，已不再关乎事实究竟是怎样，我们就会被这种模式所控制。

比如你的伴侣只要不回复你信息，你就会觉得对方是不是不爱你了；如果看到你的朋友和其他人在分享些什么，你就会觉得自己是不是要被抛弃了；你不能允许自己犯错，只要犯错就认为自己毫无价值可言……这些都是心理模式，某种被我们常常不加思考就相信的假设和幻想。而我们这么容易就被一个假设所左右，正是因为很难真的相信别人对我们有无条件的好意。这里并不是说所有人给我们呈现的好意都一定是无条件的、真诚的，而是我们根本不相信这世界上有这样的东西存在，那么这个时候可能会产生一个质疑：难道所有人都在虚假地活着？还是我们的信任系统出现了问题？如果能够探索到这一步，改变可能就已经在发生了，因为只有当你深信不疑地依靠幻想和假设来判断世界的规则发生了松动，新的模式才有可能发芽。

方法工具箱：信任拼图

找回信任感的方式，就是将存在感、完整感和安全感这三块拼图找到，将它们拼在一起，如何实现这个过程呢？在图1-6中，每个拼图都留出了空白的位置，在你做书中的练习题时，在你生活中不经意的瞬间，你一定会收集到一些让你感受到这些状态的时刻，那么请一定记得把那个时刻写在相应的碎片处。

比如我在做出生证明练习的时候，感受到了强烈的存在感，那么我会把“出生证明”写在左上角的位置。随着我们这本书不断深入地探索，你一定会收集到越来越多这样的时刻，当我们能够用一个个真实发生的经历和体验填满我们的碎片时，那就是你一点点找回信任感的方式。我们旧有的模式很容易把我们拉回到“过去的挫败感”中，那是一种又熟悉又痛苦的感觉，它给我们带来了糟糕的影响，但却也是我们很长时间赖以生存的工具，熟悉就会带来安全感。

所以我们需要这样一种方式，来不断提醒自己已经向前走过的路。在我的心理咨询工作中，我常常需要提醒来访者，他们对自己身上发生的美好视而不见和健忘。比如，一位来访者在上周刚刚告诉我，她是怎么第一次向人表达拒绝而且竟然没有责怪自己，但是在下一周的咨询中，她又会习惯性地说自己“不懂拒绝，也不能接纳自己”。这就是我们心理模式的惯性，你可能毫无察觉地多次掉进自己设置的陷阱中，所以你需要有一个人或者一种方法来提醒你改变的发生。信任拼图就是我给大家提供的一种方式，也希望大家能够发挥自己的创意，设计出属于自己的记录方式，它将会忠诚地陪伴你很长时间。

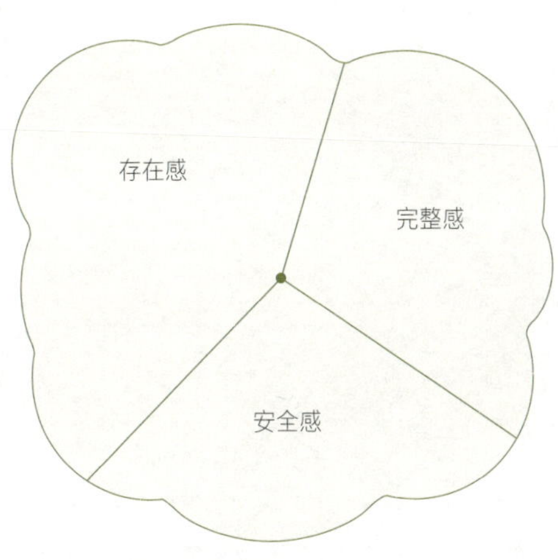

图1-6　信任拼图

本章，我们一起走过了人生最初的一年。对于这一年，我们几乎没有记忆，但我们却可以通过很多方式再次穿越回那段时光，与自己互动和对话。由此，我们开启了自我成长的篇章。时间在客观上无法重来，但心理成长却可以脱离时间的维度，让我们在人生的任意时刻，都能够获得婴儿般的重生。

初现自我轮廓（1 ~ 3岁）

学会和内心的“小恶魔”相处

我偏爱淡色的眼睛，因为我是黑眼珠

我偏爱书桌的抽屉

我偏爱许多此处未提及的事物

胜过许多我也没有说到的事物

——维斯拉瓦·辛波丝卡《种种可能》

这一章，我将带大家进入 1 ~ 3 岁的奇妙世界，在我们经历了和这个世界被动接触的第一年之后，我们要开始主动出击了，通过探索这个世界，我们认识了自己。虽然很多人的记忆仍旧是模糊的，但也应该从家人那里听到了不少关于这个时期的自己的故事。这些故事中就隐藏着很多关于我们性格的秘密——自我是如何初步建立的？羞耻感从何而来？为什么会自我怀疑？如何成为一个有主见的人？在这一章，我们将一一深入讨论，获得重新成长的机会。

第一节　探索欲
碰撞出自我的轮廓

每个人的人格轮廓都是在和这个世界的碰撞中逐渐形成的，你带着好奇心探索到的边界，就是你人格的边界。但你不是独自在进行这个过程，你在探索的路上会听到很多声音，大部分是来自你的父母或者其他常常照料你的家人。所以，他们是如何设计你的探索之路的将很大程度上影响你眼中自己的样子，也就是自己是一个怎样的人。探索欲的初现，就是自我形成的开始。成年人很喜欢待在自己的舒适圈里，偶尔被刺激到了，就想要跳出来挑战一下自己，像是一种被迫的无奈之举。但在我们1～3岁的时候，我们却异常的勇敢，从来不想安分地只待在舒适圈里，而是喜欢到处摸索，看看有什么新鲜玩意儿。这个举动意义非凡，表面上我们只是到处瞎玩，但我们其实是在探究一个很深刻的问题——这些新鲜玩意儿，究竟和我有什么关系？

世界很大，都是我的

大部分的婴儿在一岁左右的时候，都能够成功从俯身爬行过渡到直立行走，我们在上一章第三节讲到安全感的时候，分享过“月亮绕地球”式的保护法，其中提到我们在用爬行探索周围环境时的心路历程。在爬行的时候，我们已经不满足于自己所处的三尺天地，想要开疆拓土，到更远的地方去。可是很无奈，爬行能到达的地方是有限的，时不时还要被父母抱回到原点。所以当我们开始学会直立行走的时候，我们探索环境的能量变强大了，也更自信了，我们甚至会认为自己是这个世界的统治者，所及之处，都和自己有关。

这个时候我们会增强在一岁之前就模模糊糊产生的全能感和完美感，这些感觉变得更确定，更真实，形成了一个夸大的自我。在这个阶段，每一件快乐的事和好事都被看作自己的一部分；但是所有的坏事和不完美，都被看作和我们无关的外部的因素。这真的是一个很有意思的阶段，我们可能会不相信，自己竟然经历过这么任性的时候，尤其对于即便是成人后也充满对自己的怀疑，认为一切的不好都和自己有关的人来说，更是难以想象曾经有那么一段时间，你对自己的相信竟是这么坚定无条件的。

是的，我们每个人都经历过这个夸大自我的时期，但与此同时，这个时候的我们也是不成熟的，正处在自我发展的开始。自我的发展是我们作为人的一项伟大的使命，它会持续贯穿我们一生，在开始时会有些鲁莽和不切实际，也是正常合理的。相反，正是由于我们还没有学会小心翼翼地生活，才有足够的空间和机会去打造自我的雏形。据我的父母回忆说，我在这个年纪的时候很喜欢做两件事情——乱走和乱摸。在他们的描述中，我是一个喜欢背着小手在家里和院子里乱转的孩子，好像在原地坐着是一件很无聊甚至不可思议的事情。他们甚至认为我在走来走去的时候像是在思考着什么，小脑瓜儿里似乎一刻也不得闲。我很难想象一个两三岁的孩子能思考些什么，但这个乱转乱走的过程的确是一种探索，是一个认识自己所生活的环境究竟是怎样的一个过程。所以我们虽然鲁莽和不切实际，但我们绝对不凑合，我们非常严肃地对待自我，用我们幼稚的方式进行学习。

这个幼稚的方式除了乱走，还有乱摸，父母说我很喜欢乱动东西，就好像是自己淘来了一个什么好玩的物件儿，总是没完没了地拿在手里把玩，有时候可能还很暴力，总想扔在地上测试一下它的结实程度。这完全就是把家当成自己的领地在为所欲为，好像不觉得自己需要承担什么后果。网络上广为诟病的“熊孩子”大概从这个时期就开始了，如何顺利度过这个阶段可是一个技术活儿。

父母是后盾VS父母是阻碍

面对一个认为自己是世界的主宰、爱制造麻烦，甚至到处搞破坏的“小恶魔”，父母该怎么办呢？大部分父母本能地会觉得孩子不听话，应该责罚和管教。但这是一个误区，这个时候的管教可能会成为孩子自我发展的阻碍，最好的角色应该是孩子的后盾。我承认，后盾不好当，生气和打骂似乎来得更容易一些，在很多人眼里也是更合理的方式，但父母这个工作本就是复杂和辛苦的，自然不能用“哪个方式更简单就使用哪个方式”的原则，用正确的、科学的方式来教育孩子，就是要尽全力去完成的必修课。接下来，我们就看看在这节课上，我们的父母做得如何吧！

想象第一个场景——

一个开始会自己吃饭的小宝贝，突然觉得玩弄食物和餐具很有意思，“吧唧”把勺子扔在了地上，或者用勺子盛了一勺米饭，然后把米饭扔在地上，还觉得很有意思，咯咯咯地笑起来。

父母是阻碍——轻则大吼一声：“这是在干什么呢！谁教你的，这么不听话！坏孩子！”重则直接上手就是一巴掌，嘴里可能还念念有词：“让你浪费食物！让你扔东西！看你长不长记性！”

父母是后盾——蹲在孩子旁边，询问孩子这么做的原因，孩子可能会说：“好玩！咯咯咯。”父母接下来会继续引导：“好玩是吧，爸爸/妈妈也觉得挺好玩的，但是你看这个地面上沾上了黏糊糊的东西，待会儿都沾到你的脚丫上啦，来，爸爸/妈妈教你怎么把它们清理干净。”

想象第二个场景——

一个孩子刚午睡醒来，想玩一会儿玩具，于是把家里的玩具都翻出来折腾，一会儿在地上各种摆弄，一会儿拿着玩具在屋里跑来跑去。孩子可能还时不时地会看看爸爸、妈妈是不是在看自己，甚至可能强行把父母拉入自己的游戏世界。

父母是阻碍——轻则在孩子玩的时候，总是在旁边训斥："要玩就好好玩，别乱扔，别乱跑！"在孩子想让父母陪同玩耍的时候，会不耐烦地说："我忙着呢，自己玩去！"重则如果孩子把屋子弄乱了，马上就剥夺孩子玩游戏的权利，可能还会伴随一些责骂。

父母是后盾——孩子在玩的时候，就尽情让孩子玩，如果不是涉及有危险的情况，轻易不出场干涉孩子的游戏时间；每次孩子在玩的过程中看向父母的时候，都会发现父母的眼光在注视着他们，一般如果满足这种情况，他们其实并不会强行将父母拉入游戏中，自己就足够享受了。但如果父母没有太留神孩子时，孩子提出了这样的要求，也会尽可能参与一下，满足孩子被关注的需求。

通过这两个场景，相信我们都能感受到区别究竟在哪里，不管大家是否懂心理学的概念和知识，肯定也都会觉得父母是阻碍的时候，感受是不舒服的，而父母是后盾的时候，会有充盈的安全感。这个区别的内核究竟是什么呢？是羞耻感。小孩子在对这个世界进行初期的探索时，会做出很多不符合社会价值观的、不那么道德的、不守规矩的行为，比如场景一中出现的浪费食物、破坏餐具，以及场景二中出现的破坏环境整洁、打扰父母等。当我们以一个成人的视角来看待他们的行为时，肯定是难以理解和不能容忍的，自己的孩子怎么能做这种事情呢？在这种情绪的驱使下，可能就会像“父母是阻碍”中那样表现，上一秒还觉得世界安好、自己还很无辜的孩子，下一秒就突然承受了某种难以言说和消化的羞耻感、被嫌弃的感觉。

也许从表面上来看，好像没什么大不了的，好像什么影响都没有发生，但事实上，一个创伤的小口子可能就在这里撕开了。大家想象一下在自己只是两三岁时，做了一件自认为合理的事情，却突然在毫无准备的情况下体验到了羞耻感，又在毫无准备的情况下被迫应对了羞耻感。羞耻感一旦产生，探索欲就会逐渐萎缩，因为在我们的小小的脑袋里，会不断堆积问号，同时开始滋生恐惧。我们不知道一件事情能做或者不能做的标准是什么，因为父母没有给我们讲明白，但我们为了应对未来类似的恐慌，就会本能地用察言观色来面对。这样一来，我们学习到的第一条在这个世界里自处的规则就是：让父母心情好的事就是可以做的事，让父母不开心或者生气的事就是不可以做的事。这条规则可能会在长大的过程中逐渐蔓延到生活里的各种人际关系中，做让别人开心的事，才是对的事、应该的事，反之就是不应该的事、应该自我谴责的事。我想，对于这条规则，大家应该再熟悉不过了，但大家有没有想到过它竟然是从这里开始的呢？

自我的初现

羞耻感的产生并不是世界末日，羞耻感是我们的基本情绪之一，但羞耻感的确会让人不好受，尤其是对涉世未深的孩子而言，这是一种不容易应对的情绪。可令人佩服的是，即使我们可能还会经历羞耻感，这也阻挡不了我们去探索的热情和动机。究竟是什么更强大的力量让我们这么勇敢呢？那就是对自我的好奇和追求。即便是刚学会走路、刚学会说话的孩子，也难以阻挡这种力量，就像我们在第一章中讨论过的存在感对我们的重要性一样，对自我的探索就是在确保这种存在感可以一直持续，并且越来越强。

自我在探索欲的驱使之下初次展现，什么叫自我呢？心理学界有很多说法，通常借助“自体”这个概念来进行说明，而自我和自体都是难于定义和概念化的术语，因为它们都横跨心理学和哲学等不同学科而存在，我们可以从不同的体验水平和视角来理解它们。即便仅在心理学范围内讨论，自我和自体也有很多定义，尤其在精神分析领域的学说中，更是争论得不可开交。

精神分析鼻祖弗洛伊德的女儿安娜，她的一位学生哈特曼认为，自体就是指这个人自己，而自我是人格的一部分。自我心理学的代表人物之一雅各布森将自体看作一个人的全部，也包括这个人的身体，它作为一个主体区别于周围的客观世界。而自我是一种概念层面而非体验层面的东西，自体是自我的一部分。自体心理学家科胡特的定义更为诗意，他说从广义上来讲，自体就是指一个人精神世界的核心，同样地，他也认为自体是自我的一部分。

大家可能已经有些晕了，我用更为通俗的语言再来解释一下。如果我们认为自体是我们精神世界的一个象征，而自我又是比自体更大的一个概念，那么比精神世界的核心更大的是什么呢？虽然我们在日常生活常常提到“自我”，但事实上自我比精神世界这个概念还要抽象，它甚至仅仅存在于心理学的书中，因为我们是无法看到自我的，没有任何途径可以观察到自我。自我是各个心理功能的组织者，你在思考的时候有自我的存在，你在焦虑的时候有自我的存在，你在睡觉的时候有自我的存在……也就是你做的任何事情、产生的任何想法和感受，都离不开自我，但在每一件小事中，你又能感受到一部分自我。用一个比喻来说明，“自我”就是你掌控自己的一个神的形象，它无时无刻不在你身边，能够观察到发生在你身上的一切，随时处理着各种突发的或是矛盾的状况。

而这个神的形象，一开始也是一个婴儿，在探索欲的驱使下，它慢慢有了雏形，我们暂且把它命名为“自我之神”。虽然自我之神很难直接观察，但我们也要试图理解它，甚至想象它。我们先来看下面的场景——

一个两岁的孩子坐在地上摆弄手边的玩具，这个玩具的玩法是要把不同形状的小部件分别放到形状匹配的凹槽里，三角形的部件放在三角形的凹槽里，正方形的部件放在正方形的凹槽里。刚开始尝试时，孩子大概率是乱放的，一旦发现放不进去时，就遇到了一个困难。

自我之神在这个时候就出现了，它可能会在这个孩子耳边说："这是个什么奇怪的游戏，不好玩，砸烂它更好玩。"于是，孩子开始拿其中一个部件"咣咣咣"地猛砸向凹槽底座；自我之神也可能会在孩子耳边说："这个放不进去，试试下一个行不行，一直试，也许就行了。"于是，孩子把刚才不匹配的部件拿出来，又放了一个新的进去，又不合适，又放了一个新的进去，直到放对了为止。

我想大家经常会经历这种"内心的自我对话"，好像脑子里会产生一些声音，指导你做一些事情，这些就是自我的声音。大家可能会想，这个声音是哪儿来的？那就比较复杂了，我们在本章后面的内容里会讨论，这里我们记住一件事就好，那就是——自我的声音有你与生俱来的成分，没什么道理，你就是天然地会这样或那样思考问题或做事；同时自我的声音也有对外界声音的内化，是你听来的，然后就深深记在心里，好像就是你自己的一部分，而这个部分往往是有很大的改变空间的，也是我们二次成长的机会。

方法工具箱：舒适圈的边界

自我的轮廓是什么样子的？用舒适圈的边界来表述，就一目了然了。我们分别选取1～3岁的片段和现在的片段，并根据下面的图形上的圆圈进行连线，就能勾勒出我们自我的形状和轮廓。

1.1～3岁的自我轮廓

如果有残留的记忆，或者从父母那里听到过关于自己的一些故事，那么可以以你印象最深刻的记忆片段为蓝本，根据图2-1下方的说明，在下图相应的圆圈内填涂，然后将所有实心的圆圈连接起来，这就是我们自我最开始的雏形。如果实在找不到任何素材来使用这个方法，可以选择下面的方法来进行探索。

2.现在的自我轮廓

如果1～3岁的片段很难再找回了，那么我们可以以最近三个月的状态为参考范围，根据图形下方的说明，在图2-2相应的圆圈内填涂，然后将所有实心的圆圈连接起来，成为一个完整的形状，这个形状就代表我们的自我轮廓。

（1）维度说明

自我的接纳度：不论自己做什么，对自己的第一反应是怀疑、苛责的，还是包容、接纳的。

决策的坚定度：在做决策的时候，是容易陷入选择困难，还

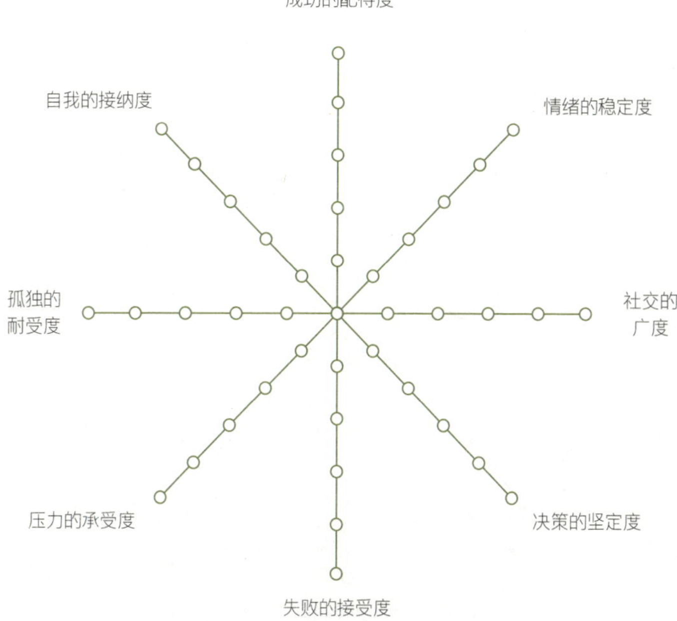

图2-1　1 ~ 3岁的自我轮廓探索图

是比较坚定，不容易后悔。

成功的配得度：在做对一件事情或得到认可时，是否认为自己配得上这份成功。

失败的接受度：做事失败或者遇到挫折时，是否会攻击自己。

情绪的稳定度：情绪容易起起落落、失去掌控，还是相对平稳。

压力的承受度：面对压力时，容易被击垮，还是能够和压力共处。

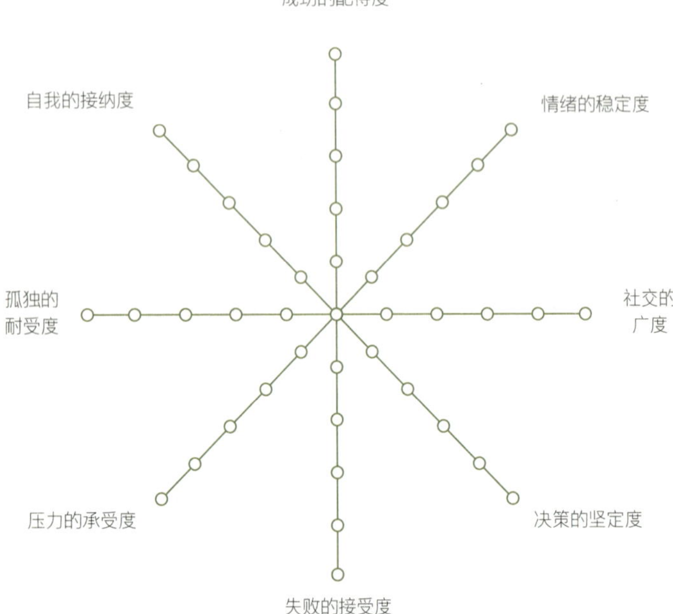

图 2-2　现在的自我轮廓探索图

社交的广度：社交是让自己恐惧，还是能够从容应对。(这里稍微注意一下，如果是内向型的人，本身对于社交的意愿不强，而非恐惧的话，并不在这个维度的讨论范围里。)

孤独的耐受度：一个人独处时，是能够安心做自己的事情，还是内心无法安静下来，对外界充满渴求。

(2) 填涂说明

越靠近中心，该维度的程度越低；越远离中心，程度越高。在每一个维度上，找到认为适合自己现状的点，然后进行填涂即可。

（3）形状展示

大家现在看到的是我在写这一章节的内容时，根据当时近3个月的状态勾勒出的当时的自我形状。从图2-3中可以看出，影响我的自我形状大小的维度主要集中在孤独的耐受度、压力的承受度和失败的接受度上，由于当时的生活中出现了很多新的挑战，远远超出了我的舒适区，所以自我的功能出现了一些异常反应，说明我在这些维度上的自我还没有发展得足够好。

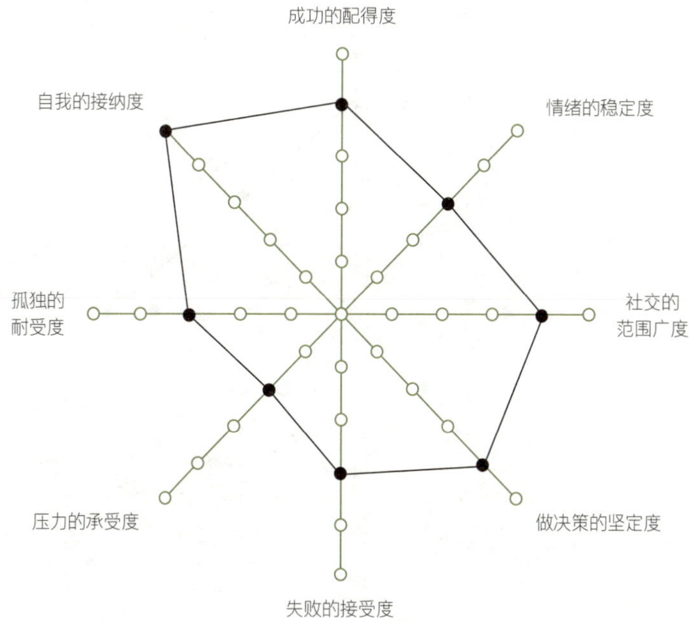

图2-3　作者的自我轮廓图

大家再看图2-4，我增加了另外一个形状，即虚线部分，这是我理想中的自我的形状。和原来的形状相比：有一些维度即便不是很高，我觉得也是可以接受的，比如对孤独的耐受度；有一些维度我的确希望能够再成长些，比如对成功的配得度、情绪的稳定度和对压力的承受度；还有一些维度更有意思，我甚至也不希望更高，反而可以接受更低一些，比如社交的广度。当我们对比这两种自我的时候，其实能够看出很多信息——

不用改变的这些点如果位置靠近中心，那代表着你对自己的

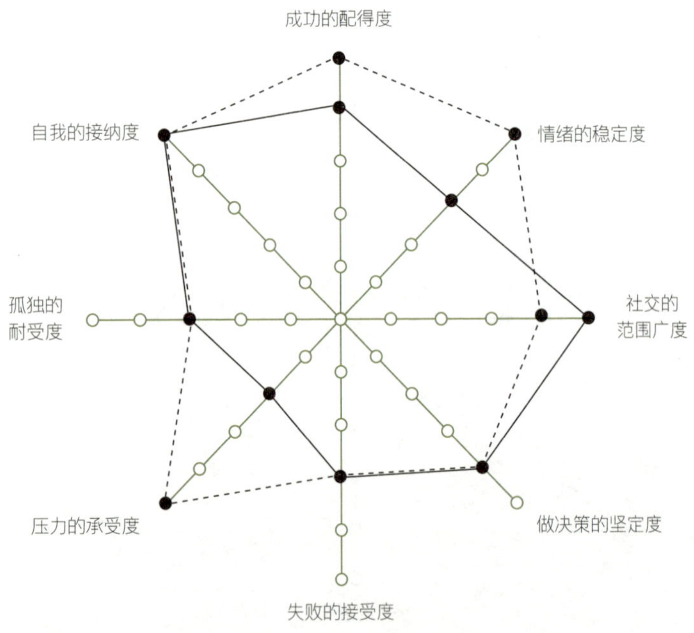

图2-4　作者的理想自我轮廓图

接纳；这些点如果远离中心，那代表着你的自信和自我认可。

向边缘调整的这些点代表着对你来说生活中更重要的版图，你愿意为之继续付出和努力。

向中心调整的这些点代表着你的选择自由，并非我们把所有的点都设置在最外围的地方，就代表这样的自我是更好的。也许那样的形状看起来很完美，但同时也可能是虚假的、不完美的。

我相信每个人都会勾勒出自己的形状，一个和别人不一样的形状，当你不知道自己是谁的时候，就可以拿出这张图来提醒自己。

第二节　羞耻感

不能见光的枷锁

羞耻感或许是我们最害怕的情绪，因为它不能见光。我们会和身边亲近的人分享自己的悲伤、焦虑和恐惧，但羞耻感是不能言说的禁忌，虽然它埋在我们心里很深很深的地方，却总能找到机会吸走我们的能量，不断发酵成毒药般的存在。我们常说大人才知羞耻，孩子哪儿懂那么多，这大概是关于孩子的最大的误解了。孩子不仅知羞耻，而且知羞耻的时间可能比我们想象的更早，在本章讨论的1 ~ 3岁的孩子中，大部分都因为各种情况，必然或者偶然地体验到了羞耻感。一旦体验到之后，这份羞耻感就会伴随着我们的一生，如此重要的情绪，值得我们深入探索。这个情绪掌控得好，我们可以有效摆脱枷锁和束缚，更轻松自在地面对生活；掌握得不好，我们会一直被羞耻感控制，无法用自己真正的样子去生活。这一节，我们将一起来面对羞耻感，成为可以掌控羞耻感的真正自由的人。

羞耻感的种子

每个人可能都有一个故事，在那个故事中，羞耻感的种子被种下，然后被遗忘，却又在我们成长的过程中处处都透露着影响力。我的羞耻感应该是源于托儿所的一次尿裤子事件，因为父母工作的缘故，我要在托儿所待到天黑之后，才有人来接我回家。我记得非常清晰，托儿所在一座四合院里，吃完晚饭还没被家长接走的小朋友会在四合院的正房里上绘画课，那个教室的门是敞开着的，我坐在最后一排，背后有阵阵凉风吹进来。可能是晚饭时水喝多了，也可能是天凉带来的刺激所致，绘画课上到一半时我就想上厕所，可是不敢和老师说，总觉得打断老师上课、提出自己的要求是一个非常不合理的行为。我以为我可以坚持到下课，但实在忍不住，尿了裤子。所幸当时我坐在最后一排，所幸旁边没有同学。下课的时候，裤子已经干了。虽然这个过程没有被任何人看到，但却启动了我的羞耻感的产生，我当时没有跟任何人讲这件事情，总觉得会得到非常难以想象的、无法承受的糟糕反应，所以我将这件事情埋在了心底，种下了一颗羞耻感的种子。

深入研究各种情绪的心理学博士罗伯特·奥古斯都·马斯特斯，曾在书中指出“羞耻暗示的是害怕被羞辱”，因为感到丢人而发烫的脸颊、极其痛苦的紧缩、让人无处可藏的难以忍受的暴露。当我看到他对羞耻的定义和解读时，在托儿所时的画面瞬间浮现在脑海，不禁感叹：这不正是我当时经历的心理状态吗！原来有这么科学的解释过程，我并没有犯下一个不可饶恕的罪过。我至今也无法给出当时产生这种情绪的外在原因，它似乎就是我们本能中存在的一种与生俱来的情绪，只是在特定的情境下会被

激发出来。

当然很多时候，羞耻感的种子是在外界因素的刺激下种下的，比如下面这些表达，不知你是否听起来很耳熟呢？

你怎么这么不要脸！

你怎么什么都做不好？！

你怎么这么笨！

你怎么能做这样的事？太让人失望了！

尤其当这些表达是用来评价我们没有做错的事情时，羞耻感就更加强烈，这是为什么呢？回顾一下在本章第一节中的例子，如果一个孩子因为觉得好玩，把吃饭的勺子扔在了地上，然后听到诸如“这孩子有病吧”的评价，这个孩子的内心世界其实是非常复杂和难以消化的。孩子可能会心想：“我因为觉得好玩才做了这么一件事情，为什么是有病呢？”孩子很有可能将这个思维带入后来的生活中，只要是出于好玩的动机而做的事情，都可能会被别人评价为有病的，那就什么都不敢尝试了。

再比如内向其实是一个非常中性的评价，但很多父母可能都认为外向是更好的性格特点，所以当意识到自己的孩子偏内向的时候，会无心地做出这样的评价：“唉，这孩子太内向了，真是没办法。”虽然听起来好像没有上述的那些评价那么具有攻击性，但羞耻感还是产生了。幼年时我们被羞辱的经历，被认为有缺陷的经历，如果发生在成人后，可能是难以承受的羞耻感，但幼年时，这种羞耻感对我们来说是麻痹性的，它就像是一条沉睡的巨龙，好像无法造成任何影响，但在苏醒时却可以把我们的世界闹得天翻地覆。

健康的羞耻感VS不健康的羞耻感

上面我们说到羞耻感是与生俱来的情绪，还不够准确，我们需要添加一个定语，那就是健康的羞耻感是与生俱来的，但不健康的羞耻感并非先天固有的情绪，而是我们后天强加给羞耻感的负担。如何区分二者，是掌控羞耻感的关键。

健康的羞耻感：羞耻感的对象是“事”，而不是“人”。比如我不小心在托儿所打碎了同伴的水杯，却没有告诉对方，并撒谎说是另外一个小伙伴打碎的，那么我会因此对这件事情感到羞耻，但不会否认自己存在的意义。

不健康的羞耻感：羞耻感的对象是“人”，却不是“事”。比如还是我打碎了水杯，撒了谎，我似乎并没有太关注这件事情本身，而是陷入了一种对我人格的怀疑和对整个人存在的否定当中，那就是不健康的信号了。

罗伯特对这二者区别的解释非常通透：健康的羞耻感触发的是我们的良知，不健康的羞耻感触发的是我们的内在批评家，而这个批评家时常伪装成良知。还是参考上面的例子，如果我打碎了水杯，还撒了谎，在健康的羞耻感下，这很容易触发我们的良知，大概率我能够做到主动承认错误，为对方的损失承担责任，赔偿一个等价甚至更高价格的水杯作为补偿；在不健康的羞耻感下，我可能永远也不会说，而且还不停拿这件事情来向内自我攻击："你看你做了什么！坏人！没有人想跟你做朋友！你不配得到任何好东西！你就不应该存在！应该消失，消失了就不会给别人带来麻烦了！"

羞耻感本身是一个中性的概念，是像人类的其他基本情绪一样合理的存在，比如快乐、悲伤、难过、伤感、愤怒，等等。当羞耻感出现时，我们完全不需要用逃避的方式来对待它，而是先要区分这份羞耻感是健康的，还是不健康的。如果是健康的羞耻感，那么大可将它分享给自己信任的人，这个过程不仅不会让我们受到伤害，反而能够打开我们的内心；如果是不健康的羞耻感，就要引起注意了，它可能是我们已经遭受到创伤的一种表现和信号，说明我们的内心可能已经开始慢慢封闭。如果不把它慢慢调整成健康的羞耻感，这种封闭会继续紧缩下去，让我们内心的城墙越来越厚，到最后的结果可能是，我们想出出不去，别人想进进不来，我们的内心成了一座孤岛。

最后我们来做一些测试，巩固一下如何区分健康的和不健康的羞耻感。

以下题目如果是真实经历过的场景，可以回忆当时的情况进行作答；如果从未遇到过，那么可以通过想象来模拟相关的场景，代入自己的感受进行作答。

测试一（测试对象，女性）：经期意外提前来到，你身穿白色的裙子，裙子上沾染了一处血迹，陌生人看到后善意提醒，那一瞬间你产生了怎样的情绪，以及你的心理状态是怎样的？

测试二（测试对象，男性）：老同学聚会时，你的室友们都是开车前往，只有你是乘坐地铁出行，因为还没攒够买车的钱，当大家问及你怎么没开车来的时候，那一瞬间你产生了怎样的情绪，以及你的心理状态是怎样的？

请大家先根据自己的第一感受进行回答，有了答案后，再阅读下面的讲解。

测试一解读：健康的羞耻感表现为当下瞬间的尴尬和不好意思，并能够对对方的善意提醒表示感谢；不健康的羞耻感表现为可能当下的一瞬间，连话都讲不出，虽然想赶紧逃走，但是却愣在原地不知如何是好，像是受到了莫大的侮辱或者是耻辱，甚至可能痛恨为什么自己是女人，为什么要经历这样的羞辱。当然，你也可能毫无感觉，说明能引起你羞耻感的范围是有限的，并未波及生活的方方面面，或者羞耻感的承受力较强，是值得自己认可的地方，没准儿是你都没有注意到的闪光点。

测试二解读：健康的羞耻感表现为看到当初睡在一个宿舍的兄弟们，在经济上和事业上都有更好的发展，自己却有些捉襟见肘，难免担心会被大家嘲笑，可能在回答的时候有些支支吾吾，或者不够自信，但并不会影响继续和他们聚会交谈的原计划；不健康的羞耻感表现为，无法把这个无心的问题当成是一个无伤大雅的小插曲，认为自己没有车就不配和那些更有成就的人坐在一起吃饭聊天，当下可能就产生了想要离开聚会，并发誓再也不参加这样的活动的极端想法。当然，你也可能根本不会想这么多，只认为是大家日常的对话而已，那么说明你的自我还是比较打开的，没有因为羞耻感而封闭起来。

希望通过这两个简单的例子，能让大家更加理解健康的和不健康的羞耻感之间的区别，更了解自己内心的深处，这样才能找到正确的方法将那个被你封闭起来的自我带出来，走到阳光下。

把羞耻感带入了关系中

羞耻感似乎是藏在暗处的一双眼睛，你看不到它，但是它却一直在观察着你的生活，目光所及之处，似乎都蒙上了羞耻感的影子。你一个人的时候，羞耻感带来的痛苦可能不那么明显，因为它的本质是被外界的眼光和评价所刺激，但当你处在亲近的关系中，尤其是亲密关系中时，它便无处可逃了。

如果你现在正处在一段亲密关系中，那么请试着回答这样一个问题：

当你的伴侣做了一件让你嫌弃的事情时，比如在一次聚会中丢人了，可能是说了一个冷笑话，也可能是出现了一个情商低的表现，那么你是瞧不起对方做的那件事情呢，还是明显感觉到你瞧不起的是那个人？

如果你的答案是前者，那么不用担心，是健康的羞耻感；如果你的答案是后者，那么你产生的这种情绪可能和你自己有关，是你内心的不健康的羞耻感的一种投射，投射在一个让你有安全感的人身上。所以换句话说，当你打心眼里看不起你的伴侣的时候，可能并不意味着你的伴侣非常糟糕，而是因为对方给了你足够充盈的安全感，安全到你敢把自己内心的羞耻感暴露出来。因为你还没有勇气去面对自己的羞耻感，所以你用了投射的方式，也就是把自己羞耻感的影子像幻灯片一样，投射在了对方的身上。这是在用间接的方式来面对脆弱，听起来是个不错的方式，但对方无疑会在这个过程当中受到伤害。

在感情中一直和和气气的，可能是虚假的表现，但争吵不断似乎也不能代表感情就是真实的。感情中的冲突一定是在所难免的，学会吵架确实可以增进感情，这里边的关键就在于羞耻感的健康与否。很多情侣或夫妻在吵架的时候，都喜欢人身攻击，似乎吵架的目的就是为了打败对方，获得胜利。如果人身攻击常常出现在你和伴侣的争吵中，那就需要注意了，被人身攻击的一方未必是受害者，但总是用人身攻击的方式来试图战胜对方的一方，一定陷入了不健康的羞耻感的困境。伴侣间本应该是彼此信任支持的关系，如何在亲密关系的支持下化解不健康的羞耻感呢？有一个非常简单的方法——面对面地来一次羞耻感对话！

这个方法使用的条件，一定是在你和伴侣是互相信任的情况下进行，如果不满足这个条件，我不建议使用这个方法，因为可能会带来一些潜在的伤害。如果是这种情况，或者现在是单身，也可以选择你信任的朋友进行这个方法的练习，可以有同样的练习效果。

第一步：面对面，将羞耻感讲出来。

和伴侣或朋友面对面相视而坐，然后轮流叙述自己对对方做过的让自己感到羞耻的事情，这个过程中保持和对方的眼神接触，并保持身体坐直，尽可能待在你在叙述的过程中可能产生的脆弱状态中。

第二步：消化和面对羞耻感。

当两人讲完之后，在你们原来相距距离的基础上，坐得再更靠近些，紧握彼此的双手，闭上眼睛两分钟，有意识地深呼吸。然后睁开眼睛，彼此凝视对方的眼睛两分钟。

第三步：分享欣赏。

最后和对方分享“欣赏之情”，你可以表达对任何对象的欣赏，对对方的欣赏、对自己的欣赏、对任何在这个过程中出现的细节的欣赏。

这个方法听起来很简单，但这个过程中可能会发生任何事情，我在给大家推荐方法的时候，一定是自己尝试过不会带来伤害和危险的。所以接下来我就通过我和伴侣体验这个方法的真实过程，一方面让大家更理解这个方法的本质，另一方面也提前为大家做一些重要事项的提醒。

第一步，对方起初觉得这个方法很蠢，但为了配合我的写作，很不情愿地参与进来，表示自己没什么羞耻感好说的，让我先开始。我也很忐忑，会有点担心这个过程是不是会因为羞耻感的暴露而产生什么我们彼此不能承受的影响，但还是开了口——

> 我想跟你说一件我一直隐瞒，不敢跟你说的事情。（这个时候对方的神色有些紧张了，并下意识地出现双手抱肘的防御状态，我提醒对方要保持身体直立，这才重新回到面对面的状态。）我偶尔会有情绪非常暴怒的时候，这个你是知道的，每次极端暴怒的时候，我都会产生想要和你分手的想法。以前我会把分手作为攻击你的手段，直接讲出来，后来我知道会伤害你之后，能够忍住不说，但这样的想法还是会在我的脑海里出现。暴怒结束的时候，又会消失。我想告诉你这是我自己愤怒时的一种症状，并不是真的想要分手，但这种想法又没有办法完全控制，所以就藏起来了。虽然次数不多，但这种羞耻感会在很深的地方影响着我，让我的内心有些封闭，今天借这个仪式感讲出来，我不知道你会怎么想。（这个时候，对方的眼睛有些湿润了。）

我在整个叙述的过程中，并不像我文字记录的这么流畅，我几乎每说一句话都会想把视线移开，当说完整个内容的时候，有放松、卸下重担的感觉，也有紧张、不知道对方怎么想的感觉。

我在和你开始做这个方法之前，我觉得很蠢，感觉跟我以前看到的一些心理学的练习方法相比也没什么特别之处。但是在听到你说暴怒的时候想要跟我分手的话时，我确实触动到了，其实你不说，我也是能感觉到的。很多人的感情不是说不说，别人就不知道了，你的整个身体、你的神情都表现出来了，我知道的。（在听到对方说这句话时，我的眼眶湿润了。）我本来打算为了安全起见，说一个之前你已经知道的事情来凑数，但我也想说一个你不知道的事情。我们每次吵架时，我也会有分手的念头，虽然我从没说过，但我也控制不住地会想。不过我认为人的想法不代表行动，它可能就是一种生气程度的表现，我没说也不是因为我有多勇敢，相反是因为我喜欢回避，我害怕去面对冲突。

第二步，在对方说完后，我们的手不自觉地牵到了一起，我提醒要进行下一个步骤，正好顺势坐得更近了，然后闭上眼睛。不一会儿，睁开眼睛，凝视对方，我自我感觉是稍显紧张，很期待接下来对方会说什么。

第三步，还是我先开口——

我不知道关于欣赏我要说什么，我就想到什么说什么吧。嗯……我第一反应是欣赏你的配合，一开始对这个方法并不是很感兴趣，但还是愿意尝试，并且暴露一个你从没提到过的感受，我觉得挺勇敢的。因为我知道你是一个喜欢回避的人，所以能够正面讲出可能会引发冲突的事情对你来说很不容易，谢谢你……

对方似乎准备好了很多想要表达的话，跃跃欲试——

我有很多欣赏的地方，先说对这个方法的欣赏吧，我发现有仪式感的过程会把一些隐藏起来的东西暴露出来，虽然暴露的过程会不太舒服，但这真的是发现深层自我的一种方式。另外就是对我自己的欣赏，像你说的，我确实也没想到自己能说出来，但现在我们讨论这个话题的环境很安全，不自觉就想更坦诚一些，如果在平时，确实很难讲。最后就是对你的欣赏，为了写书，冒险让自己进行不知道会发生什么的尝试，刚才你在和我说话的时候，眼神也是一直在闪躲，可能还是有一些恐慌在的吧，我能感觉到的。

最后我们不自觉地拥抱了一下，结束了这个方法的练习。希望大家也能够找到合适的人，一起来进行尝试，我相信会有很多美好的意外发生。

方法工具箱：日光浴

羞耻感喜欢黑暗，而黑暗会让羞耻感发酵，变成对自我的攻击，只有用正确的方法引导羞耻感来到阳光下，才能停止自我攻击，实现对自我的接纳。这个方法和“面对面，来一次羞耻感对话吧”很相似，但可以在一个人的情况下进行，是和自我的对话。

第一步：确定羞耻感事件。

首先找到一个事件，你几乎从未和任何人提起过，哪怕是面对自己，也只是在脑海中出现过，但从未真正地面对过它。当你想起这件事情的时候，你是有羞耻感的，会觉得是丢人的、难以启齿的，等等。

第二步：选择日光浴的方式。

这个事件你可以尝试用文字的方式、语音的方式、隔空对话等方式进行表达，不用为难自己，哪种方式是自己现在的阶段可以承受的，就采用哪种方式。比如文字的方式是把你的羞耻感事件写出来，这样你自己可以真实地看到那些文字，这是一种面对的方式。再比如语音的方式，你可以用有记录声音功能的软件把羞耻感事件用语音的方式表达出来，这样你可以真切地听到自己的声音，这也是一种面对的方式。

如果你不希望留下任何痕迹，想完全保证隐私，也可以使用隔空对话的方式，假设坐在对面的是你自己，然后想象着和自己对话的样子，把你内心压抑许久的想法都表达出来。不管用哪种方式，在日光浴的过程中，你可能会产生各种强烈的情绪，不用压抑，就借用这个机会和空间让它们都释放出来，如果出现了非常不适的身体反应，要选择马上暂停，这说明你现在正在练习的方式超出了你自己能够承受的范围，这是需要寻求专业的心理咨询帮助的信号。

第三步：结束仪式。

在表达完羞耻感事件后，一定要对自己表达感谢或认可，并且要说清楚具体感谢或者认可的地方是什么。只要你鼓起勇气实践了，你就一定有机会感受到连自己都感到意外的力量。

第三节　自我怀疑
价值判断初现

在我看来，自我怀疑其实是一个伪概念，通过第一章的内容，我们应该可以真切地感受到这样一件事情——在初到这个世界上的时候，我们对这个世界是没有价值判断的，是后来经历的人和事，给我们注入了各种声音，才有了所谓的我们自己的看法。而自我怀疑的源头也是天真和纯粹的，我们也许做了一件被已经形成相对固定价值观的社会所不认可的错事，但在做这件错事的时候，我们可能完全不懂它代表着什么，比如一个两岁的孩子单纯因为好奇而把吃饭的勺子“吧唧”扔在地上。这是一个孩子因为想看到父母恼火而故意为之的捣乱行为吗？这个假设似乎很难成立，但父母即便在否认这个假设的前提下，也还是会控制不住地生气和发脾气，想当然地认为孩子这样做是为了让自己生气。于是外界对于孩子的误会从这里就开始了，还没有判断力的孩子被动接受了一个又一个的误会，最终变成了自我怀疑。

自我怀疑的破坏性

自我怀疑和自我否定不同，举个例子，如果我们想要喝水，然后准备用左手去拿面前的一个杯子。在自我否定的情况下，右手直接制止左手，然后就彻底打消了喝水的念头。而在自我怀疑的情况下，右手不会直接制止，而是试图阻挠，但又不那么坚定，可能会拖拽、推搡。左手在这个过程中会很难受，但还是想要拿到杯子，也许排除万难拿到了，也许这个过程太疲惫，失败了。即便拿到了杯子，右手还是会继续阻挠，继续拖拽、推搡，导致水洒了一身，最后只喝到一点点。自我否定是令人痛苦的心理状态，但它至少能够有片刻的宁静；但自我怀疑却会一直持续存在于我们生活中的各个环节中，这就是它最大的破坏性——持续的焦虑。

两三岁的孩子就能感受到焦虑了吗？当然是的，程度甚至很强烈。在本书的第一章中，我们就讨论过焦虑型依恋的婴儿会有的表现，比如妈妈短暂地离开一下就会号啕大哭，即便妈妈回来也很难安抚。所以我们在一岁之前就可以感受到焦虑这种情绪了，当我们长到两三岁的时候，焦虑会在更多的情境中被我们感知到。我的一个朋友的孩子在我完成这一章的时候，刚好两岁多，所以成了我近距离观察和探索的对象。这个小姑娘很早就会说话了，已经可以用比较丰富的词汇来表达自己的情绪，在比较常见的分离焦虑之外，小姑娘会有很多其他引发焦虑的情境。比如他们家的洗衣机声音特别大，每次搅动的声音都会把小姑娘吓一跳，以致后来看到洗衣机，哪怕并没有在洗衣服，她都会有恐惧的情绪，抱着妈妈说自己很害怕。到这里，一切都是正常合理的情况，有的孩子可能害怕打雷、闪电，有的孩子可能害怕机器的噪音，但接下来父母怎么做，就很关键了。

有的父母会指责孩子："洗衣机有什么好怕的，真胆小！"或者在孩子被一些噪音吓哭的时候大声呵斥："至于吗？哭什么哭！"这部分父母肯定以为这样回应，孩子以后就不会害怕了，就会勇敢起来，这是大错特错的，这种负面反馈反而增加了害怕情绪的程度，之后再遇到类似的事情，孩子的恐惧和焦虑的程度会更高，甚至泛化到更多的事情上。自我怀疑就在这个过程中悄悄出现了，孩子也会不可避免地想：对呀，为什么别人不害怕呢？是不是我自己有什么问题？可是这样想并不能解决害怕的情绪，反而是在害怕的基础上又增加了怀疑的情绪，负担更重了。

关于这个部分，我以上面提到的朋友为例来讨论一下什么是更好的做法。朋友很接纳小姑娘的情绪，而且理解这可能确实是孩子天性敏感的一种表现，所以不会指责孩子，而是在努力创造一种让孩子感到安全的环境。比如带着孩子一起把洗衣机关掉，让她意识到哪怕出现一些让自己害怕的情绪，自己也并不是无能为力的，而是可以做些什么的。这样做显而易见有两个好处：一是没有否定孩子的情绪，其实出现任何情绪都是合理的，都是没关系的；二是让孩子有机会挖掘自己的信心和潜力，不管遇到什么问题，自己都有机会和空间做些什么，是建立自我主见的基础。

我怀疑VS被怀疑

我们很容易误以为自我怀疑是自己对自己产生的，所以哪怕自我怀疑已经带来痛苦的情况下，还会责怪自己为什么不能相信自己，但自我怀疑其实是“被人怀疑”后的产物，也就是我们将他人的评价内化了。内化是心理学中一个非常核心的概念，它指的是将自己所认同的外在的新思想或新观念，和自己原有的信念结合在一起，再次构成了一个统一的态度体系。这种态度一旦形成，是稳定且持久的，并且成为我们自己人格的一部分。在我们年幼的时候，内化的过程非常简单和迅速，由于我们将父母看成神一样的存在，所以基本上处于一种“他们说什么、做什么，那就是什么”的状态。

很多人都会在自己身上看到自己不喜欢的父母的样子，其实这跟早期的内化过程有关。因为年纪很小的时候，我们并没有形成成熟的判断和观念，所以对于父母的态度是全盘接收的。慢慢长大之后，见识到了更多元的想法和视角，但自己很小的时候就建立的固有思维模式的倾向性并没有那么容易就发生改变。所以有些人即便在客观程度上已经取得了很了不起的成就，但仍然会有自我怀疑的习惯。

不了解这种心理状态的人可能会评价这是一种“凡尔赛行为”。下面给大家举个例子，我平时会用视频的方式向非心理学专业的人科普心理学知识，分享用心理学应对生活困惑的方法，所以常常会收到观众的来信，分享自己的困惑。有相当一部分人都有这样的经历，在做一件事情之前，不相信自己可以完成，比如一个资格考试，或者一个富有挑战性的项目，但只能硬着头皮去做，结果竟然出乎意料还不错。容易自我怀疑的人，可能不会把这个结果看成自己实力的一个证明，反而认为这就是运气和偶然，当下次遇到同样的事情时，还是会怀疑自己是否能够完成，自己是否有能力做好。这样一来，焦虑水平就会非常高，高到自己的身体都无法承受的地步。如果是非常重要的考试或者项目，可能会因为过高的焦虑值而真的导致失败，然后就会强化自我怀疑——看，我果然不行吧。

这句话大家听起来耳熟吗？是不是在成长过程中有哪个对你来说很重要的人做过类似的表达呢？我记得小学有一次考试没考好，我非常敬重的班主任的一个无心的评价，却变成了我对自我的怀疑的声音，跟随了我很多年。当时班主任把我叫到办公室，问我这次怎么发挥这么失常，我已经不记得我当时的回答是什么了，我只记得在结束谈话后，转身出办公室门的瞬间，门还没有完全关上，班主任跟旁边的老师说："这孩子成绩好主要是靠用功，但题目稍难点儿就不行了。"当时那句话深深地刺痛了我，本来努力是我自己的一种意愿，我甚至觉得是自己的优点，但自从听到那句话之后，努力似乎变成了我无可奈何的被动的选择，就好像如果我不努力，连完成简单的题目都是一种奢侈的成功。

这是我在学习心理学之后才意识到的，别人的声音竟是这样成为我自己的声音，还被自己误以为是自己产生的不自信。也是在意识到这一点之后，才能分清原来曾经以为的自己是由“别人影响后的自己”和“原本真实的自己”所组成，所谓的自我怀疑，其实是“别人影响后的自己”在发声，和“原本真实的自己”之间产生了矛盾，从而带来了自我的冲突和情绪上的困扰。

想要克服自我怀疑，第一关就是要重新认识它的本质，当你再自我怀疑的时候，能够意识到这不是一种天然的与生俱来的对自我的持续否定，而是内化了别人的声音，以为是自己的一部分的时候，你就成功了一半。能分清有两种声音在干扰自己做决定，自我怀疑的力量就不会持续保持强大，因为当你中断了一次这种沉浸于自我怀疑的时刻，就减少了一次强化它的机会。很多习惯之所以顽固，只是因为被强化的次数足够多，并没有太复杂的原因，改变起来也很简单，只要不断重复提醒自己自我怀疑的本质，就能慢慢建立新的观念。难点也在于我们总是会无意识地忘记新的观念，习惯性地回到旧的观念中。

我相信大家可能都有过这样的经历，比如看了一本书或者听了一个课程，当时恍然大悟，觉得自己的问题似乎马上就要解决了，但隔一段时间就忘记了，然后又会遇到重复的问题或者困扰。这个时候不仅因为困扰本身而难过，还会因为产生“学了那么多还是没有用”的想法而感到挫败和沮丧，我想告诉大家，这样的反复都是很正常的，心理过程的改变是一个循序渐进的过

程，我比较推荐的方式是在一位专业的咨询师的帮助和陪伴下，来完成这个过程。

方法工具箱：怀疑你的怀疑

如果自我怀疑的情况不是很严重，我们当然也有可以自己去尝试的方式，这个方法的名字叫作“怀疑你的怀疑”。不管我们理智上多么明白“自己的怀疑可能是受到了外界的影响，其实是别人的声音，不是自己产生的，这个声音可能是不客观的”，也无法保证我们情感上就一定也是这样的感受。所以我们需要在理智的引导之下，慢慢带领我们的感情也实现这个过程，从不相信到相信的过程。

第一步：表达怀疑

很多时候，我们的怀疑不会真的用语言或者文字表达出来，而是盘旋在脑子里，不断地发酵，然后变成我们自己都无法梳理清楚的一锅滚烫的粥。它会让我们产生灼烧感，这种灼烧感就是焦虑带来的，那么怎么样能够让脑子慢慢地净化，不再继续浑浊呢？最有效也最简单的一个方法就是让你怀疑的内容可视化或者可听化，也就是你需要一个媒介能让你看到你的怀疑或者听到你的怀疑。

你可以试着把你的怀疑坦诚地写出来，以我自己为例——

写书的过程非常艰辛，我总是没有办法在截止日期之前完成和编辑约定好的内容，我会怀疑自己是不是真的有能力完成内容量如此巨大的一本书。这是我第一次尝试，之前没有任何成功的经验可以参考，万一我能力的上限就是科普视频所呈现出来的那样呢？万一我根本没有那么扎实的功底，可以输出那么大量的内容呢？万一是我的野心超过了我能力能够承载的上限呢？万一没有写出来，给编辑添麻烦了，他再也不信任我了怎么办呢？即便写完了，万一卖得不好，那这段时间付出的时间和精力都白费了，之后的生活很拮据该怎么办呢……

当我们处在自我怀疑的模式中时，我们只知道心里很乱，但当你真的将它可视化后，你会惊讶于自己的心里竟然承受了这么多的负担。如果你之前从没尝试过这种方法，那么你可能会写满好几页都无法停笔。没关系，就给自己这个机会把所有的自我怀疑都释放出来，直到你觉得所有的怀疑都已经呈现出来为止。

如果你身边有能够让你足够信任的人，把自己的怀疑讲给Ta听，可能会实现更好的效果，这也是心理咨询能够起作用的原因。哪怕咨询师在咨询室中一句话都没讲，只是进行无条件的倾听，你也会得到一定程度的治愈和情绪上的恢复，原因就在于你感受到自己最恐惧和担心的东西被另一个真实的人不带评价地接纳了，这种包容和理解的力量是非常强大的。

第二步：中断仪式

当我们把怀疑畅快地表达出来之后，需要进行一个中断仪式，比如把记录怀疑的本子收起来，放在一个地方，并告诉自己“那就是全部的怀疑了，是时候停止了”；或者可以在最后写一行字，大意可以是“怀疑可以存在，但我也有权利享受相信自己的时刻”。内容可以自己进行设计，只要能给自己带来一种中断怀疑的仪式感就可以了。除此之外，我们还可以尝试用肢体语言的方式来进行中断，比如闭上眼睛，想象自己在一个山水非常纯净的地方仰望天空，然后深呼吸，就好像净化了怀疑带来的污浊感。如果你是跟信任的人进行的第一步，那么还可以跟对方用拥抱的方式来作为中断仪式。总之这个部分，大家不用拘泥于形式，找到适合你自己的方式就可以了。

第三步：表达对怀疑的怀疑

这是最关键的一步，前两步的准备工作都是在为这一步打基础，我们还是以文字为例，如何进行这个部分呢？只有一个要点，那就是要停止关于怀疑的任何内容，去质疑你之前的怀疑是否真的那么真实可信。这是一个有挑战性的过程，因为我们的思维方式会习惯性地又进入到自我怀疑的状态，所以我们才要严格地限制书写的内容，只能写对之前怀疑的质疑，其他一概不能呈现。继续以我在第一步中的例子来给大家展示这个部分——

我记得以前我在完成一些重要的事情时，也会产生这样的怀疑，但最终都完成得很好，也许怀疑本身并不代表最后的结果。比如写书，编辑有那么丰富的和作者合作的经验，也是阅人无数了，那么至少从他的视角来看，也许注意到了一些我忽略的优势和长处。之前提到的那么多的“万一”，怎么感觉毫无根据呢？更像是一种情绪的表达，而不是事实的表达，如果我听到我的朋友这样跟我讲Ta的心情，我肯定不会觉得那些是事实，甚至会认为对方怎么会这样想自己……

这个过程的关键就在于，要把我们脑子里非常微弱但总是被我们忽视的那些声音引导出来。这些声音一直存在，但总是被自我怀疑的声音所压制，在这样的练习中，我们可以给这种声音一个表达的机会。其实我们在遇到一些重大挑战时，会产生自我怀疑和不确定的不安感，这是很正常的，但自我肯定的自信的声音也应该同时存在，来稳定我们的状态。很多时候我们被自我怀疑击垮，就是因为这些声音从来没有机会被听到，希望通过这样的练习能让大家感受到自我肯定声音的存在，虽然很微小，但只要我们给它机会，就能够慢慢成长起来，自我怀疑和自我肯定加在一起，才是完整的自己。

第四节　没有主见
学会和“小恶魔”相处

两岁之前的孩子，可可爱爱，两岁之后，就好像突然变成了“小恶魔”。这个转变可能是突然之间发生的，很多父母在这个时候都会面临巨大的挑战，第一反应都是希望压制“小恶魔”们的反抗力量，让他们回到从前可爱听话的样子。但其实“小恶魔”阶段藏着很多玄机，这是我们拙劣地开始试图表达自己的阶段。虽然表达的方式杂乱无章，甚至常常给父母造成困扰，但能不能成为有主见的人，很大程度上取决于我们是怎么和这个“小恶魔”相处的。表面上看起来，驾驭“小恶魔”似乎是毫无章法的，但事实上，我们可以有清晰的说明书来指导这个过程。也许小时候我们没有机会体验在正确的说明书指导下的父母教育，但它可以作为我们成人后二次成长的说明书。

如厕训练

我想大家怎么也想不到，我们的主见是从如厕训练开始的。我们在两岁左右的时候，会经历从外部控制向自我控制的过渡，比如之前都是哭喊着让别人来给自己喂奶或者换尿布，但是现在自己可以在不依赖别人的情况下，满足自己的需求。其中如厕训练是大部分孩子在这个阶段最快学会的一件事情，除此之外还有行动力的提高、语言能力的出现，等等。如厕是本能层面上的一种能力，但也是需要引导的，他们可能因为对如厕的羞耻感而压抑自己的如厕需求，也可能因为对如厕产生的快感而在如厕上消耗更多的时间。这个习惯可能会跟随我们一直到成人，大家可以对比一下现在的如厕习惯和小时候是否有相似的地方。

举一个比较戏剧化的例子，在一部很受欢迎的美剧《生活大爆炸》中，主角之一的谢尔顿·库伯从小到大都有非常精准的如厕时间安排，必须是每天早上误差范围在5分钟内的某个固定的时间。不仅在如厕时间上，每天其他时间的安排也都是非常严格的，这些都侧面表现了谢尔顿人格中非常僵化的一面，无论对自己还是对别人都有过度的控制倾向。一个小小的如厕习惯其实就能帮助我们来审视自己人格的灵活性，大家可以看看自己现在的如厕习惯有什么特点呢？也许可以给你提供很多关于了解自己人格特点的信息。

如厕习惯和自主性建立之间的关系可以体现在“主动如厕”和“被动如厕”这个较为简单的区分上。如果大家能结合小时候和现在的如厕习惯来进行思考，会更有代表性，如果对于小时候的习惯无从考证了，那么就参考目前的习惯来分析。

“主动如厕”体现在首先你认可这是一个每天都会固定产生的合理需求，其次你有合理程度的意愿为这个日常需求分配合理的时间。比如我现在正在接受一个中国和美国联合开办的精神分析培训，通过远程的视频课程进行，美国教授给我们上课的时间大多都从很早的时间开始，一般在六点半左右。在平时正常的生活中，我感受不到我对于如厕的管理，但这个课程常常和我早上起来的一些习惯有冲突，比如如厕时间、吃早饭的时间、锻炼身体的时间，等等。

为了不在上课时间频繁上厕所打扰课堂的平静，我就需要主动地重新调整我的时间，这里面涉及对自己身体的了解、饮食习惯的自控力、自我掌控的信任度等。我很少能自信地说自己擅长什么，但有主见是我为数不多有自信跟大家分享的人格特点，我意识到这种特质会在生活中的方方面面有所体现，哪怕只是如厕这么一件看起来如此不起眼的小事，也透露着你在各方面的能力。

“被动如厕”的表现有很多种，比如你可能从来没有想过或者感受过“上厕所”是自己的一种需要被关注和满足的需求，你可能不认可这种需求，认为它很麻烦、很讨厌、很让人嫌弃，所以不到万不得已的时候，绝对不会主动满足这个需求。这些想法从生活中其他地方也能窥见一二，比如对于自己不能理解和接受的事物，都有拖延的倾向，不到截止日期，就绝不会完成。

对于心理学感兴趣的初学者，特别适合用这种以小见大的方式来作为入门，其实一件小事情就有很多值得分析的地方，因为人格是具有各个维度上的稳定性的，意思是，你在做一件很重要的事情时表现出来的特质，和你在做一件小事时表现出来的特质，是有非常高度的相似性的。不仅如此，你在和不同人相处的时候，也会有人格的稳定性，也许在一些人面前你会更放松，一些人面前会更紧张，但遇到你真正敏感的事情时，你内心反应的倾向性都是一致的，只是程度的区别。

所以在如厕习惯这件事上，就有很多值得分析的地方，你可以尝试像谢尔顿一样做一个如厕时间表，观察一下自己每天的习惯究竟是怎样的。在这个过程中你能够看到自己人格的一个缩影，因为它是我们开始产生自主性并学会的第一件事，所以在我们的人格历史上，它已经非常古老了，其中蕴藏了很多我们的人格印记，甚至可能比任何其他事情都更有发言权和代表性，千万不要小看它。

可怕的两岁

孩子在两岁的时候，会迎来第一次自主性的突破和发展，他们会开始想要验证一些观念，即他们是独特的，他们对这个世界有控制力，他们有一些新的、令人兴奋的力量。这个时期的孩子有非常强烈的意志去验证自己的想法、实践自己的爱好以及自主进行决策。乍一听好像是“哎呀，孩子长大了”的即视感，但这种自主性往往会以叛逆的形式表现，开始很容易以及很频繁地说“不”，有时候并不是对于父母的要求有什么不满，甚至可能只是单纯地为了拒绝权威而说“不”。

我就这个问题又去采访了前面提到的朋友，果不其然，朋友说最近真是气死了，小姑娘开始频频向她发出挑衅，比如会故意把食物扔在床上，然后观察她的反应，似乎是在测试她的边界在哪里。如果这次还不够生气，那么下次会加倍捣蛋，试图激起她强烈的情绪反应，然后还觉得挺好玩的。这个阶段对于父母来说真是不小的考验，理想情况下，如果照料者可以把孩子的自我意愿表达当作为了独立而进行的正常且健康的努力，而不是倔强的反抗，那么能够帮助孩子很早就学会自我控制、增强胜任感和避免过度冲突。

但这个过程谈何容易，在我的朋友自己就是心理学出身的情况下，每天面对大大小小的频繁的挑战，仍旧是心力交瘁的。因为这个平衡实在很难把握，不管，孩子可能会越发失控；过度管教，孩子可能会丧失自主性，变得胆小怯弱、没有主见，盲目服从权威。

对于一个两岁的孩子，通过这样“极具破坏性”的行为，孩子的自我调节能力和自我效能感才得以发展，这可能就是所谓的“乱世出英雄”。如果一个孩子从出生到长大，都很乖、很听话，那么就失去了锻炼调节能力的机会。一个孩子只有无所畏惧地进行各种危险尝试，才能够尽早地感受到边界。我记得我小时候很喜欢把手插进家里任何带眼儿的地方，其中最危险的就是电源插孔，我记得我在进行第一次尝试时，被父母吼了一声：“哎，干吗呢？！”就下意识地缩回了手。从那之后，我再也没有尝试过，因为那声大吼给了我边界，从而产生了调节意识。不再触摸电源插孔，是一个再简单不过的调节，更重要的调节是对负面情绪的调节，这个部分的能力往往是通过“讨好父母”来实现的。

当我们期待得到父母的认可和赞同时，就会按照他们的期望行事，孩子小小的脑瓜里就会吸收各种父母给出的信息，然后“读出”父母对自己各种行为的情绪反应，作为自己做事的判断标准。调节能力的出现也催生了自我效能感，这是一种对自己有能力控制挑战和获得目标的一种感觉。如果孩子在讨好父母的过程中总是遭遇挫败，那么自我效能感就会变得不容易建立起来，然后出现刚才讨论的自我怀疑，自我怀疑一旦出现，主见就像建在沙漠上的空中楼阁，只能漂浮在期待和幻想中，永远无法落在地面上。自我效能感是自信的鼻祖，自信是对自己整个人的态度，而这个稳固的态度最开始就是从做每一件事时给自己带来的自我效能感而来的。比如一次成功的如厕训练、一次成功的情绪调节，都能让孩子产生自我效能感，越早体验的自我效能感，就越能深深地扎在我们心底，并成为我们内在的自信。

调节能力、自我效能感的获得和发展，表面上看起来是孩子在讨好父母，其实是父母在引导孩子如何应对生活。这个阶段虽然有挑战，但是心理学家们还是研究出了很多应对“可怕的两岁”的指导方式，这些指导方式，翻译成适合成人的版本，就是我们重新成长的说明书，详见“方法工具箱”。

方法工具箱：做自己的“父母”

成人其实就是披着成熟外衣的孩子，我们小时候没有得到的东西，会变成另外一种形式，跟随我们长大。很多心理学家在育儿书中分享的方法，其实对成人仍然是适用的。下面，我就来为大家做一次翻译官，找回我们缺失的需求，找回我们缺失的主见。阅读下面的方法时，想象着把小时候的自己和现在的自己放在一个左右分镜的画面中，也许做到这些还有困难，但至少能理解曾经幼小的自己是多么无助，但又多么勇敢。

孩子版：要允许孩子的与众不同和特殊需求。孩子不是非得和别人家的一样才是对的。

成人版：要允许自己的与众不同和特殊需求。别人说的不一定是对的，找到自己的节奏和特殊的好恶，那就是你独特的样子。

孩子版：把自己当作一个“安全岛”，并且设立一些关于安全的合理的规则，孩子能够从这个“安全岛”出发去外面探索世界；当遇到危险时，孩子可以随时回到这个“安全岛”来获得支持。

成人版：建立你自己的“安全岛”，这个“安全岛”可以是你信任的人，可以是你自己喜欢的一样东西，可以是你的某种信念。从这个地方出发，你可以去面对任何挑战；当疲倦时，你可以随时回到这个“安全岛”，补充能量后重新出发。

孩子版：拒绝体罚，因为无效。

成人版：不要伤害自己的身体，因为那不是你应得的。

孩子版：提供可选择的机会。哪怕这个选择很有限，但能够帮助孩子体验到控制感。比如孩子今天在外面玩，身上很脏，睡觉前是一定要洗澡的，那么可以提供的选项就十分有限，可能只有“现在洗”或者“玩一会儿玩具再洗”。但即便只有两个选项，也能达到给孩子提供掌控感的目的。

成人版：要给自己选择。世界上不是只有一种方式成功，也不是只有一种方式定义成功。如果在内卷的学习和工作中，已经迷失自己了，要给自己休息的选项，即便只能短暂休息，这也是你的权利，你可以掌控自己生活的权利。

孩子版：如果不是有什么危险或者绝对的必要，不要打扰孩子。要等到孩子自己转移注意力，这样可以让孩子有机会体验自己调节状态的感觉。

成人版：如果不是截止日期迫在眉睫，不做就会失学或者失业，不要打扰自己。给自己机会自然地转移注意力，找

到自我调节的那个转折点。

孩子版：建议而不是命令。我们总是以为孩子不会想那么多，让孩子照着自己说的做就行了，他们那么小，什么也不懂。但孩子的内心世界是同样丰富的，只是跟我们的形式不同，所以千万不要低估他们对这个世界的理解和感悟，哪怕年纪再小的孩子，都一定会有自己的思考，所以当我们跟他们沟通时，要用建议的方式，要尊重他们虽然可能不成熟但非常自主的想法。命令的出现，可能会剥夺孩子孕育自我意识的潜力，会让他们在还没来得及向内探索、向这个世界展示自己的魅力时，就已经失去了对自我的好奇，这实在是太令人悲伤。

成人版：建议而不是命令。不要命令自己、逼迫自己、压抑自己，还是小孩子的时候，你有自己的想法，长大了同样有自己的想法，甚至更复杂、更混乱、更迷茫，暂时还做不到一些事情，不要贬低自己、放弃自己，建议也是需要时间去消化和实现的。

孩子版：当孩子的行为变得令人讨厌时，不要责骂，而是可以提议其他的活动，比如当孩子在和其他小朋友推搡的时候，可以说："咱们去荡秋千吧，你看那边没人，现在正是好机会。"这是我觉得非常巧妙的一个方法，一方面保护了孩子的自尊心，另一方面又非常有效地实现了对孩子令人讨厌行为的制止。

成人版：当不接纳自己的时候，不要攻击自己，而是可以主动让自己去体验那些能给自己带来自信和自我接纳的事情，这是对自己的理解和包容。很多人在不接纳自己的时候都喜欢虐待自己，就好像自己不值得休息和享受，只有持续地保持在痛苦状态中，才是合理的，但这只会让对自己的不接纳变得更加恶劣。

孩子版：采用“暂停”和“非惩罚”的方式结束冲突。这是受用终身的应对冲突的方式，尤其是“非惩罚”这个关键词，很多成人在处理冲突的时候，常常会自我攻击、责怪自己，这是一种惩罚，大概率是在成长过程中第一次遇到冲突的时候，就是被这样对待的。

成人版：一定不要因为任何理由惩罚自己，即使犯错，我们可以承担责任，可以改正错误，但惩罚永远不是你应得的被对待的方式。包括你自己，也没有权利这样对待自己。

这些方法，每一个虽然都是短短几行字，但需要我们给自己一点时间，慢慢理解和消化，千万不要像是在完成任务一样，以“读完”为学习目标。可以分阶段进行，从这些方法中按照对自己来说的难易程度，从最简单的开始，挑选一个方法，然后带入

生活中去感受，循序渐进地将自己感受的范围扩大，直到在生活的方方面面都能够自然地作出这些反应。

本章我们一起走过了人生的第二年到第三年，我们逐渐有了模糊的记忆，自我开始觉醒，开始有了探索自己和这个世界的能力，开始学会说“不”，也开始经历和体验更复杂的情绪和心理过程——羞耻和怀疑。只要稍加引导，我们就能获得巨大的能量来应对新的挑战；即便没有那么幸运，在成人后，我们也能够用正确的方式实现重塑。

建立自我价值（4 ～ 5岁）

我在这个世界上，不多余

傍晚，火焰装饰了鸟儿的脚趾

而你，就是那朵小小的火烧云

苍白的鱼群

游过亮丽的珊瑚礁

穿过你心中的子午线

于海藻之间，凝视远方的灯塔

眼睛，就像日全食燃烧的光环

你是一面镜子，像无底深渊

——大冈信《肖像》

这一章，我们将进入4 ~ 5岁的儿童早期，开始以孩子的身份在这个世界建构属于我们的价值，不再是完全依附于成人的被动的存在。虽然我们建立价值和感受价值感的方式还不是那么成熟，但已经开始有了自己的风格和特点。这个阶段是很多人记忆的起点，很多画面回忆起来仍然是非常清晰和印象深刻的，是在我们能够意识到的范围内，感受到和现在联结最强的初始阶段。在这个阶段，我们开始有了自尊、感受责任、克服内疚感，最终形成一套价值体系的雏形。搞明白这个过程是如何发生和发展的，将会帮助我们理解现在的价值体系，从而找到改变的方向。

第一节 自尊

精神存在的必需品

这是本书第一次提及自尊，但它会成为我们后面讨论中的“常客”，因为它太重要了。如果说身体是我们物理存在的必需品，那么自尊就是我们精神存在的必需品，自尊是我们可以和这个世界进行交流的一个重要基础。没有自尊，我们连自己是谁都不知道，更别提去认识其他人了。在心理学的定义中，自尊是自我概念中有关自我评价的部分，是儿童对自己整体价值的判断。听起来我们在自尊刚刚开始发展的时候，好像是可以定义自己是谁的，有非常大的自我判断和评价的自由，但仔细一想，自己怎么产生对自己的评价呢？评价不会凭空出现，让我们一起在第一节中，重新认识自尊，学习找回自尊的方法。

全或无的自尊

我们通常会认为过低的自尊是一件坏事，但事实上，过高的自尊也并非一件好事，从本质上讲，过高或者过低的自尊背后有着相似的心理机制。童年早期，我们的自尊水平会呈现出全或无的状态，根本原因就在于这个阶段我们还无法全面地看待自己，很容易因为当下发生的一件事情而片面地给自己下一个定义。比如期末考试考了双百，就会觉得自己是全天下最厉害的人；不小心打碎了家里的一个花瓶，就会觉得自己什么都做不好，一无是处。

这种模式出现在童年早期是一种正常现象，因为我们的心理发展还不成熟，所以这是我们经历的一段合理的过程，但这种模式在成人后仍旧会出现，因为如果这种模式在童年中后期没有得到妥善的引导，那么可能会一直延续下来。不知道大家是否有这样的心理感受，那就是在人际关系当中，我们不是觉得自己高人一等，就是觉得自己低人一等，好像总是很难进入一种和别人平起平坐、平等相处的状态。这种忽高忽低的自尊状态也是全或无的自尊模式，都是由无助模式带来的自卑感引发的。关于无助模式，我们会在第二节中详细讨论，在这里我们需要意识到的一点是，自尊并非越高越好，当我们努力为自己赚取各种光鲜的标签，拼命提升自己的地位以防被别人看不起时，我们的自尊就会越来越脆弱。

当自尊处在全或无模式时，它就变成了一个内在空洞的躯壳。当我们觉得自身的一些条件可以碾压对面的人时，在我们的脑海中，自己的形象突然变得高大起来，可以不用去在乎对方的想法和关心对方的感受。这个时候，自尊是保护自己的工具，同时也是伤害别人的利器。反之，当我们觉得自身条件不如别人的时候，被别人的光环所掩盖的时候，自己又会缩成一个小人儿，对方的光芒越强，自己就会缩得越小，甚至无地自容，认为自己不应该存在。这个时候，自尊又变成了伤害自己的武器，并且神话了对面的人，使我们无法客观地看待别人和自己。所以为什么说全或无状态中的自尊是一副内在空洞的躯壳呢，这是因为无论自尊是高还是低，都没有实质的意义，而且都代表着同一个问题：人际关系是不平等的。

也许你会认为，人际关系从来就是不平等的，但只要我能够处在高位，就平安无事了。但事实上，如果你的自尊是空中楼阁，无论你实际所处的地位如何，最终都会被你内心给自己设定的心理地位所影响。毕竟人生并不能总是一帆风顺，一旦面临地位的挑战，虚无的空中楼阁是无法支撑一个人的信心的，高自尊的泡沫会突然裂开，然后将你重重地摔在地上，这种落差对于任何一个人来说都是很难承受的。

真正的自尊是可以看到自我的，是无论外界产生什么样的变化都相对稳定的。比如你是学生，见到专业里的一位“大神”；或者你已经工作，面对崭露锋芒的同事，你可能会羡慕、钦佩、受到鼓舞，当然你可能也觉得和你毫无关系，但你不会觉得自我因此而消失了。不管在多么耀眼的人面前，他们的光芒都不会抹杀你的存在，你仍然能分得清别人和自己的界限。同样地，当你和世俗条件不如自己的人相处时，你不会觉得自己是居高临下地看着他们，你不会带着鄙夷的目光审视他们的存在。所以真正的自尊不仅能看到自我，也能看到并认可别人的存在。

当然，这并不是一件容易的事情，我们之所以形成全或无的自尊模式，并非我们有意为之的选择，尤其是在这种模式建立的初期，我们还只是四五岁的孩子。大家可以想想看，如果从这个时期，我们就形成了这样一种自尊心模式，到现在的年纪，中间可能已经过去了十几年、二十几年，甚至更久，所以改变起来也是需要时间的。也许我们还会处在这种不平等的人际关系感受中一段时间，但当我们意识到自己处在这种模式的时刻，就是改变的开始。用虚假的自尊包装起来的这个躯壳，终究会慢慢退去，真实的自尊会慢慢重新发育起来，形成真正的自我。

无助模式

上面我们重点讲的是忽高忽低的自尊，我们都知道低自尊会让人不敢去做新的尝试，因为不相信自己会成功，而在高自尊的情况下，哪怕这个自尊是虚假的，也能够在一定程度上帮助我们去短暂地实现目标。这种高自尊之所以不稳定，甚至会让人陷入危险，是因为这种自尊是条件性地依附于成功。

什么叫条件性依附于成功呢？就是说我有没有自尊取决于我是不是做成了一件事情，如果失败了，就会认为这是对自己价值的否定。为什么会形成这样的因果关系呢？可能很大程度上和父母或者老师等长辈在孩子失败的时候给出的反馈有关，比如考试没考好，长辈给出了非常负面的评价，“你怎么这么笨”“你怎么就是学不好”等，这样一来，失败就迅速在孩子的心里建立了一种和低价值感相关的条件反射。相反，如果孩子考出好成绩，就一味地夸赞，“孩子真棒”“真聪明”，那么这两种巨大的反差就会在孩子心里形成这样一种模式——我的价值感和是否有好成绩是直接相关的，有好成绩，我就是最棒的；没有好成绩，我就要承受一无是处的低价值感。

可是这些外在的评价，无论是正面的还是负面的，都并没有给孩子带来指导性的价值，孩子体验到的更多的是无助，因为“笨”或是“聪明”似乎并不是自己能控制的，所以孩子并不知道如何面对这次失败，或者也不知道如何理解这次成功，同时更不知道下一次可以怎样做得更好。

我在四五岁时正好也经历过一件让我印象非常深刻的无助事件，分享给大家，也许能帮助大家更好地理解这个过程。当时我应该是在上幼儿园，有一天老师给家长留了一个教孩子认表的作业，就是家长在表盘上随意摆弄几个位置，让孩子来认是几点钟。老师之前并没有教过我们，完全是让家长来开始这个过程，我的父亲当时承担了这个任务，他从单位给我拿回来一个非常漂亮的闹钟，金色的外观，银色的指针。我当时开心极了，兴高采烈地开始学习，结果我的父亲就教了我一遍长针和短针还有表盘上数字的关系，就说学习到此为止，然后开始考核我。给我拨了几个指针的位置，我都说错了，当时我父亲就勃然大怒，把漂亮的闹钟摔在了地上，并大声怒斥我：“这么简单个事儿，我都教你一遍了，怎么还不明白？！”我当时很蒙、很无助，在心里有两个声音，一个声音说，我是不是太笨了，为什么这么简单的事情都学不会；另一个声音说，为什么父亲不再教我一遍呢，我有很多问题想要问，还有很多地方不是很理解。

后面发生了什么我已经不记得了，脑海里只留存了这一个画面，当时的无助感是很强烈的，这个无助感来自我从这次的经历中似乎无法提取出有效的能够用在下一次经历中的方法，我只得到了“我太笨了”“学东西就要一次学会”“没有表达不理解和发问的权利”“我现在还是不会认表，我该怎么办呀”这样几个信息。所以，在后来作为学生身份的十几年生涯里，我都会经历起起伏伏的自尊变化，考了第一我就是全班最厉害的人，没有考第一那么一定是我不够聪明的特点暴露出来了，无法掩饰了。

如果时光可以倒流，我有机会告诉我的父亲如何教育一个各方面心智水平还没有发育成熟的孩子的话，我会告诉他，在教了孩子一遍新的知识之后，可能还需要问问孩子：“刚才爸爸讲的东西，你是不是明白了呀？如果不明白，现在是提问时间，什么问题都可以问。”这样一来，孩子在之后不管遇到多困难的任务、多复杂的知识，都会知道一件事情，那就是一开始不明白没关系，我可以通过提问来逐步获取对这个新东西的探索和理解。只要教给孩子在无助的时候可以怎么做，孩子就不会向内攻击自己的自尊，全盘否定自己的存在和价值。在孩子的视角里，世界将变得多元和丰富起来，一件事情的结果不是只有成功和失败两种，我们还可以讨论分析一件事情，从中总结一些经验，提出很多有价值的问题，而这些都不是用简单的成功和失败就可以定义和概括的。克服无助感，我们才能在充满挑战的生活中顺利前行。

“应该”如何影响你的自尊

“应该”本来是一个在我们制定行为准则时用到的一个有指引性的词汇，它代表了一种标准、一种确定性，甚至是安全感，但当僵化的“应该”指令分布在生活中的各个角落里时，我们的自尊就被劫持了。

大家可以想一想从小到大都有哪些“应该”充斥在你的生活中？比如对于我来说，有三条印象深刻的“应该”一直跟随我——

我应该拼尽全力好好学习，一点儿时间都不能浪费，不然我就对不起老师和父母。

我应该把愤怒作为保护自己的工具，任何试图伤害我的人都应该见识我的愤怒。

我应该与人为善，尽可能理解每个人在世界上存在的意义。

这些应该的标准一直很稳定地伴随我长大，但它们在不同阶段似乎行使着不同的功能，有时候能够帮助我解决一些困难，有时候却给我带来了不小的烦恼，甚至是成长的障碍。

第一条“应该”在我读研二的时候才逐渐退场，之前曾经一度称霸我的生活，让我的生活只有黑白色的关于学习的回忆，就好像学习就是我人生的全部意义，定义了我全部的人格。好处是当学习将我的生活占满时，我没有时间和空间去想其他的烦恼，所以这条“应该”就像是我的一顶金钟罩，帮我屏蔽了其他的困难。但与此同时也屏蔽掉了我发展其他部分的自我的机会，比如我的很多兴趣爱好，绘画、乐器、运动，等等，都让步给了学习，而儿童的心理发展有很大一部分都不是从知识的学习中获得的，游戏的互动、其他感官的刺激体验，可能有更重要的位置和角色。

第二条“应该”在我写这个章节之前还未完全消失，我容易动怒，好像通过这样的情绪表达就可以让自己更强大，但在书写这个章节的时候发生了一件事情，彻底打破了这条“应该”给我带来的枷锁。我和一个工作了很长时间的来访者发生了一次小矛盾，她很生我的气，也是第一次向我表达愤怒，由于之前很深的了解，我突然意识到那个愤怒的背后是她的脆弱。我不仅更理解她的心境，也好像在这个过程中理解了自己的困境，我们就这次愤怒沟通了两周时间，并且找到了不再用愤怒伪装的表达和沟通方式。

第三条“应该”是到现在仍在指引我人生的价值规则，我认为它很适合我，我会一直坚持这样过我的人生。前两条曾经在我的人生中给过我很多帮助，一条让我一直坚持到找到心理学作为我终生努力的专业方向，一条让我在还很弱小、不懂得如何用正确的方法保护我自己的时候，给我遮风挡雨。但是现在它们不再适合我，它们的使命完成了，我要让它们逐渐退场，留给那些像

第三条一样更包容、更多元的“应该”规则。

如果不再适合你的“应该”规则，还存在于你的生活中，那么你会陷入难以挣脱的僵局——要么自认倒霉，放弃自己的需求；要么只能背叛你的价值准则，忍痛割爱或是负罪自责。无论是哪种选择，都会让你不断给自己贴上懦弱、弱者的标签，因为各种“应该”像无数个五指山，压在你身体的各个部位，无法动弹。你只有做这些“应该”的事情，才能感觉到自尊，否则你就感受不到自己的存在和价值。举一个极端的例子，大家的感受可能更深一些。《国家探秘者》曾经报道过这样一个故事，一位男士用十年的时间从零做起，完成了一台自己建造的房车。为此他付出了很大的代价，每周投入30 ~ 40小时，还把和家人的关系闹得很僵，十年里从没有出门旅行过一次。而这一切都是源自这样一个准则——“应该善始善终”，想必在这十年中，他有过想要放弃的时候，有过觉得不值得的时候，但这个强大的“应该”准则让他宁愿失去家庭幸福和自由享乐的时间，也无法违抗，这就是我们被“应该”的五指山压得喘不过气来的样子。

自尊需要引导，但也需要自由呼吸的空间，否则将变成像纸片一样的存在，徒有形状，但无法给你带来踏实的真实的自信和在人际关系中泰然自若的勇气。如何让自尊变得丰满起来？深呼吸，接下来的方法将可能成为你的自尊最终能够稳定下来，不再漂泊流浪的开始。

方法工具箱：自尊策略“大洗牌”

我们在过去的成长中建立自尊的时候，会有意无意地使用各种策略，这些策略往往都以“应该”的方式存在于我们的生活中，有些“应该”是合理的，而有些“应该”是虚假的。虚假的“应该”会对自己提出不合理的要求，对自尊是一种打压，有时候甚至是虐待。但这些虚假的“应该”混杂在合理的规则中，迷惑了我们，让我们误以为这样才是唯一正确的，反而一点一点地侵蚀了我们的自尊，使其变成了镂空的内壳。所以我们要把那些虚假的“应该”从众多的“应该”规则中筛选出来，逐个挑战和击破它们，保留那些真正重要的“应该”，这样我们的自尊才能卸下束缚，自由地呼吸，灵活多变地应对生活的挑战。

第一步：发现你的“应该”。

请根据表3-1的提示在相应的空格处填写自己的“应该”规则（如果某些选项在自己实际的生活中完全不存在或毫无关系，可以填写“无”；如果某些选项自己设置的规则比较多，也可以多写几条，没有上限）。其中，“应该”属性一栏的合理和虚假分别代表的含义如下。

合理：你的“应该”规则是你认为非常合理的、并且愿意去遵守的，自己并没有被强迫的、不情愿的感受；

虚假：你的“应该”规则常常给你带来困扰和压力，似乎是外界的声音在控制你，并非是从心底产生的愿望和动机。

表3-1　发现你的“应该”

发现板块	具体分类	“我应该……/我不应该……”	“应该”属性（合理/虚假）
人际关系	伴侣		
	父母		
	兄弟姐妹		
	孩子		
	朋友		
	老师、学生或同事、客户		
经济	赚钱		
	消费		
	储蓄		
自我保养	外表		
	身材		
	衣着		
饮食	饮食习惯		
情绪、情感	愤怒		
	恐惧		
	悲伤		
	爱		
其他			

表3-2为填写举例（以下内容仅做举例说明使用，不代表唯一正确的价值观，每个人在判断“应该”属性时，仅以自己的感受作为参考）：

表3-2　发现你的“应该”之作者举例

发现板块	具体分类	“我应该……/我不应该……”	“应该”属性（合理/虚假）
人际关系	伴侣	我应该在任何情况下都以伴侣的需求为第一优先级	虚假
	父母	父母是很重要的人，但他们不应该成为自己生活的主宰者	合理
	兄弟姐妹	不涉及	不涉及
	孩子	不涉及	不涉及
	朋友	我的朋友应该都把我作为最好的朋友	虚假
	老师、学生或同事、客户	同事关系不应该一定要像朋友一样相处	合理
经济	赚钱	赚钱不应该是我生活的全部	合理
	消费	消费习惯不应该太抠	合理
	储蓄	存钱应该是时时刻刻都应该关注的事情	虚假
自我保养	外表	外表应该是很重要的	合理
	身材	身材应该以健康为前提	合理
	衣着	不应该花太多时间在穿衣服上	合理
饮食	饮食习惯	吃饭就应该吃七分饱	合理
		偶尔吃得比较多也是不应该的	虚假
情绪、情感	愤怒	愤怒的时候，应该是可以为所欲为的	虚假
	恐惧	人不应该对别人表现出自己的恐惧	虚假
	悲伤	悲伤的时候应该努力迅速摆脱负面情绪	虚假
	爱	爱情应该以一见钟情为开始	合理
其他		我应该在追求自由和追求梦想之间取得平衡	合理

第二步：挑战你的虚假“应该”。

把第一步当中标记的虚假“应该”用表3–3都汇总在一起，然后进行逐一的审视、探索和挑战，这个过程是和虚假“应该”的面对面交锋，也并非一次就能解决的，我们需要给自己足够的时间和耐心，一条条去化解。我的建议是可以每隔一段时间来重新完成一下这个步骤，直到将所有的“虚假应该”调整为你感受到平衡的程度。

表3–3 挑战你的虚假“应该”

虚假“应该”	认为虚假的理由	之所以设置这条“应该”的原因	你的挑战

表3–4填写举例（并非所有的虚假“应该”都需要被进行严格的审视，只需要挑选对你来说最为困扰的若干条就可以了）：

第三步：承担你的合理“应该”。

在第一步当中，除了筛选出虚假“应该”之外，我们还看到了很多合理“应该”，这也是我们的注意力要关注的地方，因为继续维护它们也是强化我们自尊的基石。

表3-4 挑战你的虚假“应该”之作者举例

虚假“应该”	认为虚假的理由	之所以设置这条“应该”的原因	你的挑战
我应该在任何情况下都以伴侣的需求为第一优先级	这样我和伴侣似乎就总是处在一种不平等的地位中，不太合理	我希望伴侣没有任何理由离开自己，拥有绝对的安全感	拥有安全感的方式绝对不是无止境地去牺牲自己的需求
我的朋友应该都把我作为最好的朋友	这样世界好像就是围着我一个人转的，忽视了别人的需求，不太合理	我希望朋友可以给到自己足够的关注，把曾经成长过程中经历的缺失都弥补回来	如果我想和朋友建立真正的友谊，我看不到他们的存在是无法让我获得真实感情的
偶尔吃得比较多也是不应该的	这样就需要我总是让自己处在一种关于身材的高压之下，有点窒息，好像自己不能不保持饮食自律，总得时刻保持完美身材，不太合理	身材焦虑会让我担心自己的自信会受到影响，不想得到任何关于身材的负面评价	身材焦虑有社会因素的影响，这个并非完全是个人议题，可以多了解这个社会的动态和话题，建立新的身材观念
愤怒的时候，应该是可以为所欲为的	这样一定会伤害到无辜的人，反过来也会伤害自己，不太合理	因为自己愤怒的时候是最脆弱的、最委屈的时候，自己还不能为所欲为，就会更脆弱，更委屈，觉得没有保护好自己	保护自己，很重要；但不伤害无辜的人，也很重要。没有一个人的痛苦是比另外一个人的更重要的，这一点确实很难做到，但是一个努力的方向

表3-5　承担你的合理“应该”

合理“应该”	合理的理由	可能会遇到的困难	愿意承担的责任

表3-6填写举例如下。

表3-6　承担你的合理“应该”之作者举例

合理“应该”	合理的理由	可能会遇到的困难	愿意承担的责任
父母是很重要的人，但他们不应该成为自己生活的主宰者	一个人的成熟意味着要脱离父母的庇护，开始用自己的价值观理解和体验这个世界	不服从父母的一些意愿可能会导致没有办法得到经济或者精神上的支持	如果因为坚持自己的想法而没有获得父母的支持，那么剩下的就是要靠自己去努力的方向，我愿意承担这个责任
我绝不应该在一段恋爱或者婚姻关系中做出出轨的行为	虽然每个人定义爱情的方式不同，但是我认为它的唯一性和排他性是爱情之所以美好的核心所在	也许自己也会遇到一些无法抵抗的诱惑，而导致没有办法履行自己的诺言	抵抗诱惑很辛苦，但我愿意做出牺牲；也许抵抗失败，最终违背了诺言，那么因此而失去的关系也是自己要去承受的后果

续表

合理“应该”	合理的理由	可能会遇到的困难	愿意承担的责任
赚钱不应该是我生活的全部	因为赚钱没有办法给我带来精神层面的成就感和快乐	经济上有压力的时候，生活的基本保证会有困难	我可以用降低物欲来换取更多的时间和金钱做更有意义的事情，这是我愿意承担的责任

以上三个步骤中的三个表格，可以重复使用，每当我们的自尊出现波动时，都可以用它们来审视自己、稳定内心，找到接下来可以去尝试和探索的方向。

第二节　内疚感
向成人转变的前奏

内疚感的产生意味着我们要开始迈向成人的成长了，因为内疚感的产生代表自我冲突的产生，这种冲突会将我们的人格分成两个部分：一部分仍旧是用非黑即白的方式来看待世界的儿童，一切都充满了确定性和尝试新事物的热情；而另一部分已经开始向成人转变，我们会不断地去确认自己的动机和行为是不是合适的。第一节我们重点围绕自尊的主题讨论了人格的第一部分，这一节我们将关注成人人格的萌芽，也就是当我们产生内心冲突，即纠结和矛盾时，我们会产生内疚感，能否克服这个部分将决定着是否能够顺利度过四五岁的儿童早期。我们还会讨论如果没有克服，后续会对成人的生活产生怎样的影响，以及处理内疚感的方法。

主动VS内疚

解决自我冲突情绪的需要是埃里克森心理社会发展理论第三阶段的核心，即主动对内疚。这种冲突主要来自于我们越来越强烈地感受到，自己想要实现某种目标的主动性和任务完不成的时候产生的内疚感之间的矛盾和冲突。当我们处于没有目标的年

纪，看见什么玩什么，没有什么目标，一切都是自发随机的，自然也很少体验到挫败。但当我们主动开始想要完成些什么的时候，就有了期待，如果没有完成目标，我们就会产生各种各样复杂的情绪，而其中最突出的就是内疚感。

在第二阶段，也就是第二章所讨论的1 ~ 3岁的年龄阶段时，那个时候的我们可以用无法无天来形容，我们是这个世界的掌控者，统治一切。但进入第三阶段的时候，我们会惊讶地发现，原来不是所有的事情都是被允许的、都是合理的，原来不是只要我们“想做”一件事情或者“渴望”一个东西，就一定会实现的。我们常常在公共场合见到的熊孩子，大多都是在经历这个阶段考验的过程中表现出来的不适应。我曾经在购物时见到过这样一个场景，一个小男孩想要货架上的一个玩具，但妈妈说家里已经有很多这样的玩具了，不给买。结果这个小男孩就突然躺在地上打滚，并且大声吼叫：“我就要那个玩具！我就要那个玩具！”旁边在购物的人群迅速将目光聚焦在这对母子身上，妈妈当时的表情非常尴尬和难为情，拗不过在地上打滚的儿子，就妥协了。小男孩也在实现自己的目的之后，迅速破涕为笑，拿着玩具开开心心地拉着妈妈的手离开了。同样的场景，我曾经在网络上看到一个国外视频博主的片段，面对自己的小女儿撒泼打滚想要买一个玩具，他不为所动，而是把她整个抱起来，来到了停车的广场，把女儿放在自己的车前盖儿上，然后让女儿尽情打滚。并在旁边说：“嘿，宝贝，爸爸不会因为你撒泼打滚妥协的，但是我也理解你糟糕的情绪，现在旁边没有人了，你可以尽情打滚，直到你想停下为止。”然后这个小姑娘在哭喊了大概五分钟之后，自己停下来了，并和爸爸进行了友好的沟通。

上面的两个案例，都是在这个阶段的孩子会表现出来对于目标没有实现的不适应的行为，但是两个父母做出了完全不同的反馈。这两个例子向我们传达了以下两个信息。

第一个信息：孩子出现这种看起来无理取闹的行为，是非常正常和合理的，他们遇到了人生中第一个比较挫折的阶段，第一次经历这种强烈的挫折感，所以有一些过激的表现，是很自然的，不要因此而判定孩子有问题，马上给他贴上“坏孩子”的标签。

第二个信息：面对同样的表现，父母的反馈变得至关重要。当孩子主动想实现什么目标但是失败的时候，会产生内疚感，因为自己的想法没有被允许，被拒绝了。内疚感是一种非常强烈复杂的情绪，会让人的身体一下就产生很大的反应，比如哭喊、打滚等。第一个案例中的妥协，会让孩子以为内疚感是可以通过无理取闹转移（转移到妈妈的尴尬上）并且化解（自己最后开开心心的）掉的；但第二个案例中的对抗，就能够让孩子学会接纳内疚感这种情绪，即使产生了内疚感，并且做出了一些过激的行为，爸爸还是尊重我的、爱我的，并且愿意陪伴我，给我时间度过这个糟糕的过程。与此同时，在后面的这个沟通环节，父母可以教给孩子至少两个人生知识：愿望没达成，生活还是会继续，以及下次在沟通自己的愿望时，可以选择更加平静和优雅的方式。

“我错了，但是下次我还干”

当我们想到内疚感时，一般会常识性地认为内疚感会促使我们改正行为，下次避免再发生让自己内疚的事情。但事实上，内疚感可能反而会让我们陷入不停地犯错的循环中，无法跳脱出来，根本原因在于我们在上文中屡次提到的“内疚感是一种复杂的情绪”，它夹杂着羞耻感、恐惧，还有伪装的良知。如果我们不能将内疚感中的这些情绪识别出来并一一消解，那么内疚感就会变成我们的情绪牢笼，囚禁越来越多的未解决的情绪在这个牢笼中。

我们首先来看看内疚感和羞耻感的关系。在第二章第二节中，我们详细探讨过羞耻感，其中最关键的就是我们要学会区分健康的羞耻感和不健康的羞耻感，因为健康的羞耻感触发的是我们的良知，而不健康的羞耻感触发的是我们的内在批评家。内疚感和羞耻感虽然不是同一回事，但是它们之间有着千丝万缕的联系。正如攻击是我们对愤怒情绪的处理，鄙视是对厌恶情绪的处理一样，内疚感是对羞耻感的处理，也就是内疚感试图在停止羞耻感的继续。但这种停止，并非把羞耻感打散了，让它消失了，而是冻住了它。如果冻住的是健康的羞耻感，就可能错失让良知出现的机会；如果冻住的是不健康的羞耻感，那么就进一步加重了我们的内在批评家，让它藏进内心更深的地方。设想这样一个场景：你借朋友的电脑来处理一些紧急的事情，但是不小心弄坏了朋友的电脑，这个时候不同的人可能会有不同的反应和应对方式。大家看下面两种反应，来感受一下这二者的区别（健康的羞耻感和不健康的羞耻感）。

健康的羞耻感（内心活动）："天哪，我怎么会这么不小心，弄坏了朋友的电脑，真是给朋友带来麻烦了，我现在要想一下怎么能尽量处理好这件事情。"（行为）"我现在赶快联系朋友，告知对方这件事情，并表示愿意一起去修电脑，或者如果修不好了，我愿意承担电脑的费用。"

不健康的羞耻感（内心活动）："天哪，我竟然犯了这么大的错误，真没用，朋友肯定不喜欢我了，之后也不会借我东西，甚至可能都不想跟我做朋友了，这可怎么办呀！"（行为）"我现在没有勇气告诉朋友这件事情，我可能什么都不说就把电脑还给对方，如果朋友发现了再说吧。"

不知道大家是如何感受这两种反应的区别呢？可以在看下面的解读之前，给自己一些时间好好思考和理解一下。

区别解读：在健康的羞耻感和不健康的羞耻感中，都产生了内疚感，但第一种内疚感是伴随良知的；而第二种内疚感是伴随谎言的，根本原因就在于内疚感锁定的状态是不一样的。前者锁定了良知，那么当我们想要消除羞耻感和内疚感的时候，就会顺着良知做出某种行为，即承担责任；而后者锁住了自我否定和批判，那么同样地，当我们想要消除羞耻感和内疚感时，就会在自我批评的压力之下，做出让自己不要再继续被曝光的行为，比如谎言，甚至在有些情境中，还会出现栽赃（比如职场中的“甩锅”）。因此，如果内疚感包裹着不健康的羞耻感出现，那么这样的行为还会再次发生，因为自我否定的声音还会再次出现，而我们会再次妥协。

除了羞耻感，内疚感还会夹杂着恐惧，这个恐惧也正是由羞耻感带来的。羞耻感最大的特点是“害怕被曝光”，不管是健康的羞耻感还是不健康的羞耻感，我们的这种恐惧都是存在的。可是如果我们害怕的东西并未发生，它会反过来带来一种刺激的兴奋感，比如很多人其实胆子不大，但是很喜欢看恐怖片，反而真的胆子够大的人，会觉得恐怖片挺无聊的。那么在羞耻感带来的恐惧发生之后，如果自己不会被发现，那么情绪的大起大落就会让人感到兴奋和刺激，就像是坐过山车的时候哇哇乱叫，但结束之后却意犹未尽的感受。

最后我们要讨论的重头戏就是内疚感里夹杂的“伪装的良知”。我给大家讲一个我小时候亲身经历的故事，简直是展现伪装的良知的教科书案例，我也终于在将近20年之后，才理解了那个时候的自己。

当时我大概10岁，因为家里经济条件一般，所以我没有办法太过自由地购买我想阅读的课外读物，于是我就经常跑去附近的新华书店过眼瘾，一读就是一下午。我很羡慕我的同学们可以在家写完作业之后，惬意地一边吃着水果或者冰激凌，一边阅读漫画书的画面。有一天我灵机一动，从家里带了一个小垫子，然后在家门口小卖部买了一个火炬冰激凌，满怀期待地跑到书店，找了一个角落，坐在垫子上，拆开冰激凌，打开一本书，假装在自己的小世界里享受着惬意时光。没翻两页，化了的冰激凌就滴在了书的中缝里，我当时吓坏了，赶紧把书合上，放回原处，扔了冰激凌，然后拿着小垫子一溜烟儿跑了。事后我一直在想，监控摄像头不会拍到我了吧，书店管理员会不会报警找到我家，然后把我带走。

这个时候的情绪是我们刚才提到的恐惧，接下来“伪装的良知”就登场了。它驱使着我总想要回去做些什么补偿，我把我存的几块钱零花钱全拿出来了，然后来到了书店。我在满书店找我能负担得起的最便宜的书，我想我的冰激凌只搞坏了沾到奶油的那两页，剩下的部分是完好的，所以我只需要买一本最便宜的书，就算是弥补自己的错误了。但最少的都要十几块，我看到在收银台旁边有一堆白色的薄薄的小册子，没标价签，我想这么薄，应该不是很贵吧，于是拿了一本鼓起勇气问前台的阿姨这个多少钱，阿姨笑了一下说，这个是免费发放的，不要钱。我当时脸涨得通红，拿了一本小册子就跑出去了。于是我又安慰自己，自己已经做过努力了，谁叫书店没有几块钱的书呢，那就不能怪我了。等这个事件带给我的冲击过去之后，我又拿着冰激凌去书店看书了……

羞耻感、恐惧和伪装的良知，被内疚感这个糖衣炮弹包裹，最终还是射向了自己，如果不把这个糖衣炮弹拆开，好好研究一下里面的构造，就会一直被内疚感攻击，而不能真正地从内疚感中学会良知和责任，最终就无法真正地长大。

自我惩罚和报复

刚才我们把内疚感比作一个情绪的囚禁室，我们反复怪自己、反复赎罪、又反复给自己定罪，从而反复惩罚自己，这是一个越陷越深的牢笼，就像是给自己宣判了无期徒刑。如果大家现在正处在这样的状态中，真的是很令人心疼的，因为作为咨询师，我常常会遇到把自己关在情绪囚禁室中的来访者。看着他们的自我惩罚，很多时候我能做的也只是陪伴和理解，因为稍一靠近，就会让他们感到不安——牢笼限制了自己的自由，但也一定程度上保证了自己的安全。当内疚感产生时，这种感觉非常糟糕，我们为了让自己快速地从内疚感的痛苦中脱离出来，就可能会用另外一种痛苦来替代，像饮鸩止渴般，优先终止了当下的危险，但却让自己陷入了另一种危险。

情绪性进食就是一个典型的例子，它同时具有照顾自己和惩罚自己的功能。当一个人情绪非常糟糕时，可能会突然暴饮暴食，摄入比平时多出几倍的饭量，怎么也停不下来，哪怕吃到反胃、呕吐，想要继续进食的冲动也无法停止。一方面，当我们在进食的时候，会被我们自己的身体感知成是一种自我喂养，而喂养是一种照料和关心的行为，它能够在一定程度上起到安慰的作用。比如大家可能经常会有心情不好，出去吃顿好的来安慰自己的情况，这是非常合理和健康的一种自我关怀。但另一方面，食物也可能变成一种惩罚，那就是当它过量的时候，就是在违背我们身体的需求，是对我们自己进行的一种虐待。因为在胃部撑满的状态下继续进食，会产生痛苦的身体反应，这是一种伤害的行为。当进食的自我照料的属性（我内疚，好难过，要安慰自己）和自我伤害的属性（我内疚，做错事了，对不起别人，要惩罚自己）交织在一起的时候，会带来更加复杂和强烈的产生愉悦感的情绪反应——被安慰，很温暖；被惩罚，很安心，这样一来就导致进食无法停止。

之所以会出现这种看似矛盾的复杂情绪，可能和我们在成长过程中接受到的父母对于内疚感的处理方式有关。四五岁的阶段正是我们开始有了很多想法想要实现，但可能会遇到挫折或者失败，从而经历内疚感的时期，那么当我们初次经历内疚感的时候，我们得到了怎样的反应，将会变成之后我们看待内疚感的基本方式。大家可以回忆一下或者想象一下，如果在这个年纪，你因为贪玩，摆弄家里的一个电器，结果坏掉了，自己很内疚，不知道该怎么办，这个时候父母或者其他照料你的人会作何反应呢？是把你拎起来打一顿，用指责你是坏孩子的方式来惩罚你，还是耐心地跟你讲解家里使用电器的规则，并和你一起把电器送去修理呢？如果是后者，那么我们对内疚感的基本反应就会建立为“内疚感是可以表达的，并且有面对和解决的方法”；如果是前者，则有可能是“内疚感是不好的，而且尽量要隐藏它，不然自己就会受到惩罚”。假如侥幸逃过了，这份内疚感还压抑在心里，即使没有外界的惩罚，自己也会找机会去让自己受到处罚，从而实现消除内疚感的目的。

用惩罚自己来消除内疚感，这样的方式是通过模仿自己曾经被对待的方式习得的，是一种潜移默化的影响。在继续成长的过程中，自我攻击甚至可能会转化为报复，也就是对别人的攻击，因为在我们越来越不接纳自己的过程中，我们也会开始质疑别人存在的价值和意义。如果自己的内疚感是由别人引起的，我们会责怪他们为什么要做让自己内疚的事情，因为自己在内疚感产生之后会自我攻击和惩罚，进而这种逻辑关系会演变为：为什么别人要做让我自我伤害的事情？所以容易自我攻击的人，很有可能也会苛责别人，因为他们并不知道接纳一个人是什么感觉，所以无论是对自己还是对别人，都下意识地会使用惩罚的策略，用伤害自己的方式，有意无意地也伤害了别人。这样我们就把自己和这个世界隔离成了完全对立的两面，处处都是没有硝烟的战争。

方法工具箱：剥洋葱

在这个方法中，我们需要将内疚感比作一个洋葱，每个夹杂的情绪代表着洋葱的一层外皮，它们都是用来保护我们内核的保护层。在刚才的讨论中，我们提到了羞耻感、恐惧和自我惩罚，这三层外皮紧紧包裹着自我，让它避免暴露在外，但也同时承受着窒息的刺鼻气味，没有办法逃脱出来。我们要做的就是要将洋葱的外皮一层一层剥落，让自我重新焕发生命力。

第一步：横向切开。

首先我们要确定一个洋葱究竟有几层，也就是在你感受到内疚感时，其中夹杂着哪些情绪呢？今天我们讨论到的羞耻感、恐惧和自我惩罚是一个参考的方向，但每个人的情况都有差异，也许你夹杂的情绪比较简单，也许除此之外，还有更多被压抑的情绪被包裹在了内疚感之中。所以在剥开洋葱的外皮之前，我们需要先在顶部切开一个小口，然后一探究竟。

获得这个切口的一个较好的方式是寻求心理咨询的帮助，咨询可以提供一个相对安全的环境进行自我暴露，因为在咨询中不管你表现出任何的情绪，都是能够被理解和接纳的，不容易造成伤害。当然也可以独立地进行这个过程，只是需要在尝试之前进行一定的心理建设，因为面对真实的自己不是一件容易的事情。如果你觉得准备好了，那么可以完成一下下面的表格，来探索一下自己的内疚感中究竟还藏着哪些情绪。

完成表格之前，先在脑海里想一件让你内疚过的事情，可以从常常发生的同一类事情中挑选一件，也可以从近期刚刚经历过的印象深刻的事情中挑选一件，来完成下面的表3–7。

表3–7　横向切开——找到所有情绪

夹杂的情绪	在事件中是如何体现出来的
羞耻感	
恐惧	
自我惩罚	
其他	

表格填写举例见表3–8，以前文中“冰激凌滴落在书中”的事件为例。

表3–8　横向切开之作者举例

夹杂的情绪	在事件中是如何体现出来的
羞耻感	这件事情我没有办法跟任何人讲，会很没有面子，就像是偷偷摸摸做了坏事
恐惧	书店管理员发现了会不会要我赔偿呀
自我惩罚	再次回到“案发现场”，潜意识似乎想被发现，从而可以付出代价
愤怒	别人可以在家一边吃冰激凌一边看书，但我却没有这个资格，本来可以不用承受这些的

在迷路的时候，我们最期待出现的是什么？过去是指南针，现在变成了导航，这一点从来没变过。这个表格就像是给我们提供的一个方向，当我们要解决一个问题的时候，如何把它拆分成更小的元素，是很重要的第一步。不仅如此，这个过程也能够给我们带来掌控感，减少在改变自我这个旅程中的不安。

第二步：层层去掉。

这个过程不能着急，当我们的外壳紧紧贴着我们的内核，它的力量是很难撼动的，所以我们需要把第一步中拆分出来的各个情绪做一个排序，从最松动的外壳开始剥开，才会有最好的效果。比如对于冰激凌事件中的我来说，自我惩罚是最弱的，那么我就可以先从这个情绪入手，有针对性地进行改变。

如何应对羞耻感的方法，在第二章第二节的方法工具箱部分有详细的介绍和说明，如果大家对其他情绪的应对方法感兴趣，推荐罗伯特·马斯特斯所著的《情绪亲密》这本书，这本书几乎涉及了我们所能体验到的各种情绪，并且有很针对性的方法，我常常在被某个情绪困住的时候来向这本书求助。

第三步：重回土壤。

当我们把外壳一层一层卸下，真正能够化解内疚感的究竟是什么呢？是我们愿意承担责任的意愿和能力。如果让我重新回到冰激凌事件的那个年纪，也许我仍旧没有勇气拿着书来到管理员面前，承认自己的错误，但我希望在能力范围之内去为承担责任而努力。我当时攒下的零用钱不够支付那本书的费用，我想我会默默把那本书的价钱记下来，并当作自己存钱的目标，尽快凑够之后去把它买回来，弥补书店的损失。

大家也可以用这个方法来对内疚感进行历史重塑，针对在第一步中你选出来的事件进行重塑，大家可以问自己这样一个问题：

我当时能做些什么，来为承担责任而努力呢？

也许有些责任太大，超出了我们能够承受的范围，但这是不可控的；我们可以掌控的是，是否曾经努力尝试过——这是对自己体验到的内疚感最好的照顾和回应。

第三节　责任感

自由的能力

责任感听起来似乎不是一个心理学的概念，更像是学生时期的老师或是工作时期的老板常常挂在嘴边的话，比如老师经常会说“你们要对自己的成绩负责”，老板经常会说“你们在团队中要负起责任”。但事实上，责任感不是一个简单的概念，不是立下誓言就能实现的，责任感缺乏的背后往往隐藏着一些我们逃避面对的心理问题。我们在本章第二节的方法工具箱里提到，真正克服内疚感的方式是做出承担责任的努力，我相信没有谁的人生目标是“我就是要成为一个无法承担责任的甩锅或逃避之人”，我们一定是遇到了什么困难。现在大家闭上眼睛想一下，当你想到“我要为我的失误/错误负责”的时候，你的脑海里出现了哪些画面或者念头呢？可能是对自己无能的瞧不起，可能是因为恐惧别人的失望评价而逃避，还可能是想赶紧找你依赖的人替你摆平一切……这些就是我们在建立责任感的路上遇到的困难，它们像一层一层的茧缚在我们身上，让人动弹不了。让我们在这一节的内容中甩掉这些包袱，做一个有责任感的人。

不负责与渣

在亲密关系中，我们难免会遇到不负责任的人，并且习惯称他们为“渣男”或“渣女”，似乎给出这样的评价可以让我们的内心得到稍许的安慰，因为他们是犯错的人，是应该承受世俗指责和诟病的人。或者我们自己可能也做过很“渣”的事情，给自己贴上这样的标签似乎也会让心情变得轻松，反正破罐子破摔，“我很‘渣’，所以也就无所谓了”。事实上，简单地将不负责和“渣”画上等号，并不能解决任何问题：当我们用“渣”去看待别人的时候，就无法看到一个人的本质，下次还是会看不清对方，犯同样的错误；当我们用“渣”去看待自己的时候，就会一次又一次地逃避问题，也就意味着一次又一次地伤害别人，内心同样是煎熬的。

我们究竟是怎样养成的不负责任的习惯呢？大概还是要从那个玩具说起……大家还记得在本章第二节中，我们讲到的那个例子吗？就是父母用不同的方式对待孩子用撒泼打滚来获得玩具的行为——一个是觉得大家都在看着，很丢人，于是尴尬地妥协；一个是把孩子转移到没有人围观的地方，坚持陪伴孩子到她能够冷静下来的时候。大家认为哪个孩子更有可能获得责任感呢？答案可能是显而易见的——第一个孩子在自己做了过分的事情之后，不仅没有承担任何代价，竟然还得到了奖励，也就是没有承担自己应有的责任；相反，第二个孩子全程需要面对情绪、消化情绪，以及去理解自己为什么被拒绝，还有未来要如何再次应对这样的事件和情绪，这个过程就是学会承担责任的过程。

除了上述两种父母的应对方式之外，我们一起再来看看另外两种可能导致孩子出现负责困难的情况。一种是父母会把撒泼打滚的孩子留在原地，头也不回地离开，这种方式也许会起到让孩子停止哭闹的效果，但却可能在孩子心里种下了一颗被抛弃感和无助感的种子。孩子会觉得，原来自己做了让父母不高兴的事情时，是可能被丢下的、被抛弃的，一旦产生了这样的念头，就会进入一种无助状态——我对现实是无能为力的，我只能依附于父母而存在，他们离开了，我什么都不是。在这种状态下，人很难负责，因为负责需要至少我们是有一定自我能量的，一旦没有人可以让自己依赖，那么自己就无法产生能量。比如有些人的恋爱对象频繁更换，一个接着一个，从来不让自己进入空窗期，其实就是一种无法对自己负责的状态，只有让自己在恋爱关系中依附于另一半而存在，才能生活下去，否则自己就什么都不是。

还有一种常见的父母应对方式是，对于在地上撒泼打滚的孩子大声呵斥、恶语相向，试图吓唬孩子，从而让孩子断掉不切实际的念头。我印象中有一次在马路上遇到一对母子，儿子可能之前提出了什么过分的要求，妈妈不同意，儿子就一直在撒娇央求妈妈同意。妈妈的回应非常刺耳，当时真的特别想冲上去让她不要这样，但我确实无权过问和干涉，只得作罢。妈妈说："你再这样，妈妈就不喜欢你了！不爱你了！会非常非常讨厌你！"孩

子特别恐慌地说："不，妈妈是爱我的！是喜欢我的！"但是妈妈可能也是在气头上，就不断咬牙切齿地重复："不，不喜欢！你给我闭嘴！你越说话我越不喜欢你！"唉，当时我的心真是都要碎了，不管孩子提出了怎样的要求，都可以用更好的方式引导。但是在这段情绪的发泄中，这个孩子可能产生了对于不被妈妈喜欢和爱的恐惧感，之后为了避免这样的情况再次发生，可能就会把任何会导致这样情况的事情都扼杀在摇篮里。一个压抑所有情绪的人，会怎样呢？——不主动、不拒绝、不负责。

爱情的三要素是承诺、亲密和激情，缺一不可。每个人在爱情的态度上也许给不同的要素分配的比例是不同的，但每一个要素都是必须存在的，其中承诺就是依赖责任感才能存在的。所以不负责任的人，更容易在亲密关系中表现出来"渣"。令人迷惑的是，在感情中不负责任的人，在学习或者工作中可能完全是另一种状态，比如会按时完成作业或者对于自己承担的工作极其上心，这其中的区别就在于责任是否与核心情绪挂钩。学习和工作一般情况下不会刺激到一个人有创伤历史的核心情绪，因为我们大多数的挫败经历都是在更早期的时候，在和照料者的互动关系中就已经体验过了。甚至有的人的回避表现会强烈到根本不会让自己开始或进入一段感情，总是以各种各样的理由推掉或拒绝潜在的关系，这是一种终极的无法对自己负责的表现。"渣"是一个太过简单的评价，也许我们给自己一个机会看到"渣"背后隐藏的信息，可以最终找到完整的自己。

负责与独立

独立究竟如何定义呢？我们脑海里的第一反应可能是经济独立，也就是我们可以依靠自己的工作来维持自己的生活，不需要依靠父母的支持。但经济独立仅仅是独立的一部分，甚至可以说是烟雾弹的一部分，我们很容易因为经济上的独立而忽略了心理上的独立。心理独立指的是意志的独立性，是指人的意志不易受他人的影响，有较强的提出和实施行为目的的能力，它反映了意志行为价值的内在稳定性。遇事有主见，有成就动机，不依赖他人就能独立处理事情，积极主动地完成各项工作的心理品质。它伴随勇敢、自信、认真、专注、责任和不怕困难的精神。而我则将这个稍微有些复杂的心理独立的概念总结为一句话，那就是心理独立就是一种相信自己可以负责的能力。这个负责的能力体现在生活中的方方面面，不只是我们的学习和工作，更重要的可能是在各种关系中体现出来的责任心，这是我们最欠缺的，也是实践起来最难的。

现在的网络平台充斥着各种各样的提升我们学业的、事业的方法论和课程，我们愿意为此而付费，因为它有非常实际的收益和效果，比如学习成绩提升了，或者升职加薪了，所有人都在努力地往经济独立的方向拼命。可是由于缺乏心理独立性，好成绩和好工作带来的成就感可能一碰就碎，因为我们难免会陷入攀比中，或者是被动地陷入内卷之中。在这种情况下，如果仅仅把经济独立作为目标，那么就变成了焦虑的温床，时刻处在不安和恐惧中，我认为这样的生活是不完整的，是社会功能缺失的表现。

很多时候单独讨论心理问题是无力的，因为很多心理问题并非完全像现在主流的心理科普一样，都是由于个人的发展和家庭的因素造成的，社会内卷有时候可能是更致命的来源因素。这里简单解释一下内卷，本意是一类文化模式达到了某种最终的形态以后，既没有办法稳定下来，也没有办法转变为新的形态，而只能不断地在内部变得更加复杂的现象。后来经网络流传，很多高等学校学生用其来指代非理性的内部竞争或被自愿竞争。现指同行间竞相付出更多努力以争夺有限资源，从而导致个体的收益努力比下降的现象，可以将其看作努力的通货膨胀。简单来讲就是，现在什么都要比，不然自己就落后了、吃亏了，所以即使自己已经达到了自己本来设定的目标，也要不停地拼命下去，即使拼命让自己更痛苦了，也没有时间享受获得的果实，也要拼命下去。这是多么令人难过的一种社会状态呀！

想必大家也能感觉到社会内卷带来的影响，但这并非是一己之力能够改变的现实。我承认在面对社会问题的时候，我们可能是渺小的，但我不认为我们是无能为力的，最终要回到下面的问题上——

在社会内卷中，我是否也能实现心理独立？

在社会内卷中，我是否也能为自己尽力而为地负责？

在社会内卷中，我是否也有做出选择的自由？

作为我个人来讲，我一直在做心理科普，希望在教育市场众多的类别中为心理学争取一片空间，只有更多的人开始关注心理问题，才能从真正意义上为改变无形的社会内卷做出一些哪怕微小的变化。但在接触心理学之前，我其实也在思考上面的问题，独立确实是需要付出代价的，能为自己负责的程度也是有限的，但这些并不是最关键的，最关键的是你在自己力所能及范围内一直有在为自己努力，这就足够了。

比如在我成年之前，经历了将近两年的家庭暴力，我很想逃离这个不能给我最基本的安全感的家庭，但那个时候的我，完全没有能力独立出去。所幸我的中学是寄宿的，我告诉自己，至少在学校我是安全的。那个时候没有人知道我正在经历什么，所以很早的时候我就知道对自己负责这个概念。表面上看起来，那个年纪的我对于自己的经历似乎毫无选择的余地，但即使在那样艰难的情况下，我仍旧认为我有选择和保护自己的权利。比如大部分同学都是一周回一次家，但我会在学校至少坚持两周才回一次家，这样我就多了一个属于自己的周末。一周的生活费坚持两周还挺困难的，但我能够为自己多争取一天的安全时间，就能够多感受一天我在为自己负责的努力。

我非常理解大家在内心有某种缺失的时候，会很希望依赖什么来弥补某种缺失，比如我常常收到女性读者这样的求助，或者在咨询中常常会遇到这样的女性来访者——

我自己一个人的时候可以很好地生活，也有足够的经济能力保证自己的生活，工作上也很认真和专业。但一旦开始恋爱，就会从一个“大女人”变成一个黏人的“小女人”，会很不安，总想处处监控对方，对方总是会诧异为什么恋爱后的我和刚认识的时候差距那么大，最后他们总是会因为受不了我的黏人而离开我……

这就像是一个经典的脚本，在很多人身上重复着，也再一次从侧面说明了经济独立和心理独立之间巨大的区别。所以我非常倡导大家在注重经济独立的同时，开始关注心理独立的概念，因为心理独立的能力不只影响我们的情感生活，它也会影响我们经济独立能力的发展。这一点在心理咨询中的体现是最明显的。我给大家分享一个关于我的真实例子。咨询师一般都会有做个人体验的要求，也就是说咨询师也会有自己的咨询师，所谓“医者不自医”，咨询师在用自己的专业帮助来访者解决问题的同时，自己的个人生活同样会遇到问题，这个时候就需要有自己的咨询师。我在两年的个人体验咨询经历中，非常深刻地体验了心理独立对于经济独立的影响。

在刚开始做咨询的时候，我每个月的工资只有5000元，但我仍旧坚持拿出1000左右的工资用来做咨询，因为我的事业有一个巨大的瓶颈，那就是我没有办法进行团队合作，总认为只有自己一个人独立完成项目是最舒适、最安全的。可是后来有越来越多的工作，我自己是无法胜任的，非常需要团队的支持，但我无法突破自己的心理障碍，于是求助了咨询师。在大概咨询了一年之后，我终于知道自己为什么害怕团队合作，表面上看起来我是很独立的类型，但深层次原因却恰恰相反，我是害怕依赖团队，然后削弱自己的价值和存在感。解决了这个问题之后，我开始寻觅合作伙伴，项目很顺利地越做越大。

我自己的经济独立很早就实现了，比如起初的5000块，虽然挣得不多，但是仍旧能负担在北京这么大的城市的生活。可是我的心理独立却一直没有得到重视，所以经济上一直无法提升，反过来加重了心理独立的负担；心理上有负担的情况下，我们的学习或者工作效果肯定是大打折扣的，我们的潜力会被极大地限制，最终形成恶性循环。希望大家都能够开始重视自己的心理独立能力，真正释放自己的潜力，最终实现自己的价值。

方法工具箱：不愿意还是没能力

责任感是一个非常特殊的心理概念，因为它和道德可能是有重叠和交集的，所以我们最终需要区分的一个问题就是，自己的低责任感究竟是意愿问题还是能力问题？只有区分了这个问题，才能获得真正的责任感。

第一步：区分意愿还是能力。

请用“是”或者“否”回答表3-9的问题，回答完毕后再阅读表格下方的说明。

表3-9　区分意愿还是能力

题号	题目	是/否
1	回忆你曾经认为自己有愧的一段关系（可以是任何你认为重要的关系），如果时光可以重来，你是否愿意用更好的方式对待这段关系？	
2	想象一下未来的亲密关系，或者审视一下自己现在正在进行的一段亲密关系，是否希望对方是关系的掌控者？	
3	在学校的活动中或者在工作中完成项目时，如果自己负责的环节出现了差错，是否期待自己是能够站出来负责的？	

表格说明：

如果“是”的个数为0，那么说明你想要建立责任感的意愿是非常低的，可能表现为对任何有涉及到责任感的情况都是尽力避免的；如果“是”的个数为1，那么意味着建立责任感的意愿不强，但是有一定的动机表现。这两种情况，需要更多的关注意愿问题，而非能力问题，因为意愿很弱的情况下，能力是很难表现出来的。如果“是”的个数为2或者3，那么说明想要建立责任感的意愿是较高的，也就是对自己是一个什么样的人已经有了较为明确的期待。在这样的情况下，如果责任感仍旧不足，那么说明可能是缺少一些建立责任感的方法，也就是能力层面的问题。

第二步：意愿问题的解决。

如果存在意愿的问题，说明影响责任感和独立性的原因藏得比较深，在我们的意识层面还没有真正看到问题的根源在哪儿，这个时候是潜意识在替我们做决策。这样的情况会阻碍我们生活的质量和发展，因为如果我们很排斥一件事情，那么第一反应大概率是逃避，感到安全的同时，我们也会错失很多机会。比如我之前独立完成项目时感到更安全，推掉了很多需要团体协作的项目，但我也失去了很多在事业上成长的机会，发展得非常缓慢。

不过，与此同时，我也不认为所有人都应该强制建立责任感，如果现在的你还并未意识到对于建立责任感的迫切需求，也不用勉强自己，因为这个过程是需要时间的。我们的潜意识需要做好让我们面对更多内心深处困扰的准备，如果我们还没有准备好，那么逃避是暂时自保的方式，可以继续使用。但如果自己实在逃避了太久，但又无法调整自己的意愿，那么建议寻求专业心理咨询的帮助，因为低责任感、低意愿的背后，可能是有深层原因需要挖掘的，这个过程需要专业的支持，否则会是一个异常艰难的过程。

第三步：能力问题的解决。

如果意愿足够强烈，只是缺乏能力提升的方法，那么有一个可重复使用的方法推荐给大家，名字叫做“我想想办法”。害怕承担责任或者害怕独立的人，在面对事情的时候，都有一个共同的反应是无能为力的绝望，总觉得一件事情发生了，就再无回旋的机会，这种绝望感是让人想远离责任感的一个核心原因。那么一个非常实用的办法是，当你产生绝望感的时候，对自己说一句简单的话，也许就可以扭转乾坤，那就是“我想想办法”。这句话的暗示力量非常强，你甚至未必需要真的想出什么办法，就能够一下子把你从负面的恶性循环里拉回到并非真的绝望的现实中。这短短的几句话可以向你的大脑传递很多信息：

别怕，我还在想着你呢……

别担心，你是有能力想出办法的……

嘿，事情还没结束呢……

第四节　价值感

我在这个世界上，不多余

价值感雏形的形成将成为儿童心理发展阶段中的一个里程碑，它是之前的成长中一系列经历互相影响之后的一个结果。价值感是一个心理学词汇，也就是我们日常生活中常常说的自信，有价值感可以理解为有自信，而没有价值感可以理解为不自信。为什么把这个两个概念放在一起讨论呢？因为我认为很多人对于自信的理解可能也是模模糊糊的，比如当你被问到“自信是什么”时，你好像很难用清晰的语言表达出来，总觉得好像就是一种气质，一股劲儿，也许把价值感和自信放在一起解释，会对这个概念更清晰一些，这就是我们在这一节要讨论的主题——一个人相信自己的存在在这个世界上是有价值的能力。如果我们总感觉自己是多余的，找不到自己存在的价值和理由，不知道自己做的事情究竟有何意义，那我们所处的人生将会在根本层面上体验到难熬的痛苦，这一切我们仍旧要从它的开端谈起。

无价值感背后的漫长链条

无价值感是认知心理治疗中关注的三大问题之一，另外两个问题不可被爱和无助感，分别对应着成长发展过程中不同阶段的缺失可能带来的问题。无价值感的形成是“冰冻三尺，非一日之寒”，它背后的漫长链条（图3–1）将把我们从第一章到第三章涉及的概念串联在一起。先来看主线条，信任感→主见→价值感。只有当我们对生存的世界有最基础的信任感，我们才能够放心地和它互动，并在互动的过程中有机会建立主见，主见的形成又会促使我们完成更多的任务和目标，从而体验到价值感；反之，如果我们的信任感不足，我们是没有办法相信自己可以被这个世界无条件地爱着的，那么在各种人际关系中，我们可能无法形成自己的主见，总是会担心和别人关系的破裂，如履薄冰地生活。如果连基本的生活状态都是紧张的，我们就会排斥去挑战和探索这个世界，回避做很多事情，那价值感就很难建立起来，因为我们需要通过在做事的过程中感受到成就和价值。

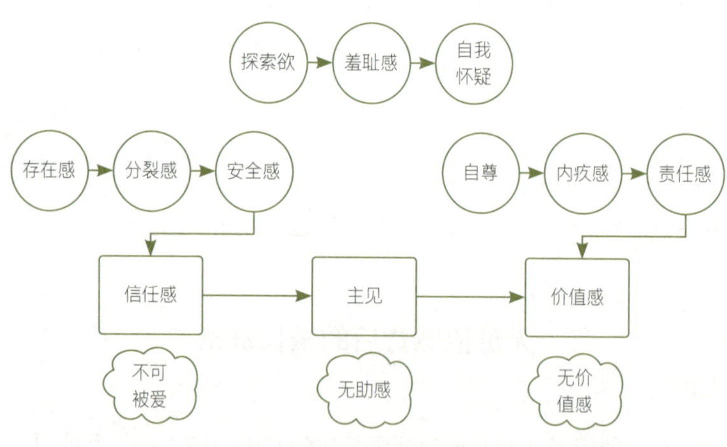

图3-1　无价值感形成的成长链条

当我们价值感不足的时候，可以先从主线上来找找看，锁定一下主要是信任感还是主见出现了问题，这样就可以继续按图索骥，找到更细分的心理源头定位。然后我们再来看各个分支的线路，当信任感是主要问题时，就可以从存在感—分裂感—安全感中找方向，并且从之前的内容中定位到相应的概念进行重新阅读，有针对性地对自己还有缺失的地方进行重点理解和解决，其他路径同理。

如果你发现多个元素都亮起了红灯，这是比较常见也比较合理的情况，不用担心，因为我们的心理结构各个部分都是互相链接和影响的，可能有些地方通畅，有些地方堵塞。我们只需要找到对我们自己来说最关键的节点，然后根据不同的情况来进行修复即可，这里给大家提供两个路径来进行修复。

路径一：捷径。

如果当下的心理状态是焦急的，那么就可以找链条中靠后的因素来进行解决，这样对我们的改变速度是最快的。比如在我对照上面的框架图进行分析后发现，导致我的价值感较低的细分因素中，有分裂感、羞耻感和内疚感，其中靠后的是内疚感，那么我就优先从内疚感入手来解决问题。要注意的是，“捷径”顾名思义，它肯定是漏掉了一些环节，所以给我们带来的改变虽然快，但是治标不治本。它可以让你短时间内调整情绪，但过一段时间它还会再来，因为这个链条中更靠前的问题还未解决，所以运行一段时间，后面的路还是会堵塞，对我们造成困扰。

路径二：从头开始。

如果当下的心理状态还算平稳，或者处在捷径方法奏效后的平静期，我们还是要更多地使用路径二来帮助自己进行彻底的改变。因为这个过程很漫长，或者更准确地说，它是我们生活的一部分，代表着自我探索、自我成长，是一种生活状态，所以也不用着急。改变并不是我们唯一的结果和目标，它更像是我们跟自己相处的一种方法。比如对我来说，刚才提到除了内疚感，比较靠前的还有分裂感和羞耻感，这些是解决起来需要更深入更有耐心的。那么我平时就会比较关注这两方面的内容和知识，如果遇到可以帮助我更理解自己的内容，我就会重点学习和消化，慢慢抚平分裂感和羞耻感带来的负面体验，但我建议进行这个过程的方式还是寻求专业的心理咨询的帮助，一点一点地去回溯和治愈，因为我们在看自己的问题时，是有盲区的，哪怕是新的知识，也会习惯性地用自己舒服的方式来进行消化，最终可能又变成了之前不良的自我保护的一部分。我们需要“第三只眼”来看到自己的盲区，否则就只是在自己封闭的小世界里打转。

被世俗标准干扰的价值感

如果在成长的过程中，我们的价值感没有被很好地建立起来，成人后我们会受到来自外界的各种影响，其中世俗的价值标准对我们的影响最为致命。由于原始价值感的缺乏，我们会很容易接受强塞给我们的观点，认为有钱、有颜、有权才是有价值感的象征，因为这些规则简单粗暴，很容易让我们在迷茫中抓到救命稻草，然后心无旁骛地向目标冲刺。可是这种冲刺不仅不会让我们建立真正的价值感，还会一点一点摧毁和瓦解我们价值感的根基，冒充者综合征就是一个典型的例子。

冒充者综合征，又称自我能力否定倾向，是保琳和苏珊娜在1978年发现并命名的，是指个体按照客观标准评价已经获得了成功或取得成就，但是其本人却认为这是不可能的，他们没有能力取得成功，感觉是在欺骗他人，并且害怕被他人发现此欺骗行为的一种现象。这种现象起初多在女性身上表现，原因就是历史上很长时间以来，女性的价值感在各个文化里都是被打压的，所以原始的核心价值感在几代人身上都是缺失的，但没有价值感也并不妨碍一个人努力和坚持的能力，所以成人后很多女性也会取得世俗上的成功。可由于缺乏核心价值感，这种成就是没有办法真正内化到心里的，因为没有载体来承载世俗成就，自己不知道如何去认识、理解和消化这种成就感。

如果我们在四五岁的阶段，很幸运地建立了价值感，那这种价值感会指导我们之后的行为，我们会更多地从自己的动机出发来完成某种潜能的释放，比如因为热爱体育而参加各种体育活动，热爱画画就自己拿起画笔或者开心地上课外的画画班，等等。不管最后的成绩如何，做这件事情本身就足以让我们感受到自己的价值，而且在价值感的驱使之下，我们也的确更有可能付出努力去精进我们感兴趣的技能和爱好。这种习惯之后会跟随我们进入大学进行专业学习、进入社会参加工作。面对专业，我们会有自己的态度；面对工作，我们会有自己的思考。不可避免地，专业或工作本身带来的期待和要求会和我们自身已经形成的价值观发生冲突，但是在价值感的守护下，我们能够承受一定的对抗和挑战，并在这个过程中继续发展我们的价值感。也许有更好的视野等着我们去吸收，也许有糟糕的问题等着我们去挑战，但我们和外界之间是相对独立的，不会被动地接受社会强加给我们的枷锁。

大家可以回忆一下在开始大学生活或者开始工作的时候，自己遇到过哪些挑战？在遇到挑战的那一刻，自己受到过怎样的冲击？大家是否能感觉到自己心里有一股力量在和这些挑战或者冲击发生对抗？如果你能感受到这种力量，那么可以为你寻找自己的价值感提供一些非常有价值的线索。比如我刚上大学的时候，好不容易摆脱了高中什么都需要靠背的学习经历，以为大学可以更开放，让自己的潜力真正释放出来，但结果到了大学，每堂课仍旧是死记硬背的内容多。我就开始与上课对抗，但我知道我反感的并不是上课，反而我有非常大的好奇心从课堂上吸收知识和观点，只是我感受不到我想要的价值感。我希望可以在课上提出问题，可以从老师那里听到我从没想到过的观点，但这些都很少实现。那么渴望有质量的互动和交流，就是我自己的价值感如何能够建立得更好的一个重要因素。

既然在校内无法实现这个价值感，我开始在校外寻找，我找到一家留学教育机构做外籍老师的助教，结识了很多对各种文化都有包容性，并且愿意通过深入沟通建立关系的朋友，那是我第一次开始体验到价值感。我经常和那些朋友在咖啡馆一坐就是一天，聊这个世界上还有我们内心世界发生的各种事情，这也是我后来更坚定地选择心理咨询行业的一个因素。所以大家一定要警惕世俗价值观的非良性诱惑，我们需要钱，也可以在乎我们的外形，努力获得更多的话语权也无可厚非，但千万不要把这些就当成是自己价值感的全部。因为它们是空中楼阁，如果你不知道自己为什么需要这些东西，获得了这些东西如何让它们为你自己真正的目标服务，你就会再次陷入迷茫，这种迷茫会架空你的自我，内心越发被掏空，成为一具空壳。

方法工具箱：重塑价值感

价值感的重塑将成为本书的一个里程碑，它是我们从儿童开始向成人过渡的过程中的一个心理必需品，也是我们在儿童和成人之间搭建的一个桥梁和通道。当作为儿童的我们还没有做好准备就被推入成人世界的时候，我们身体中孩子的部分还会一直保留着。所以当我们在生理上已经是成人的情况下，如果感受到自己的不成熟和稚气，并且这部分的自己总是带来生活和人际上的困扰，那么我们多半需要关注一下自己的价值感是否明确和完整，否则就会一直稀里糊涂地度过浑浑噩噩的生活。

第一步：心理意识准备。

一定要先建立的一个意识是，价值感无法通过一个什么技巧或者什么外在的奖励就神奇般地获得了，然后再也不会离开你。往往让你越快体验到价值感的事物，也是越容易让你失去价值感的。比如考了好成绩获得了价值感之后，没多久这种感觉就会消失殆尽，需要下一次的好成绩来“续命”。连续好几次好成绩带来的价值感，在偶尔一次考砸的情况下，就可能会被全盘抵消。再比如涨薪给自己带来的价值感，也是同样的道理，在涨薪这个消息传到你耳朵里的瞬间，你是最有价值感的，但用不了多久，你就又会回到这件事情也没什么特别的状态中。好的心理方法往往是给你带来启发和方向的，但并不能立即解决当下的问题，否则就变成了魔法，这在现实世界中是不存在的。我们也不要带着这样的幻想看待自己的问题，不然我们面对问题和解决问题的困难会越来越大，大到你无法再迈出下一步。

要做的准备是，将价值感的建立作为一个人生课题，有灵感了就多关注一下，疲惫或者遇到太大的困难时就歇一歇。不要给自己太大的心理负担，好像不解决这个问题，自己都不配去做任何事情。这里给大家分享一句在做本书方法练习时很重要的话——

无论你认为自己多么糟糕，你都有在这个世界上存在和做事的权利。

第二步：记录价值感闪现时刻。

参考“被世俗标准干扰的价值感”这个标题下提到的对价值感出现时刻的定位描述，一定是感受到你心里的某种力量，这种力量促使你产生了反抗或者想要挑战的冲动或想法，那么这个时刻就是你的价值感的闪现时刻，一定要把它们记录下来。记录的时候要写明时间、地点、场景，以及最重要的——什么让你产生了想要反抗或者挑战的冲动或想法。比如我在大学三年级的时候，在心理测量的课上，突然觉得学的东西根本毫无用处，我不想计算测量的精确性，我想拿着这些测试的问题去和我真正在乎的人去讨论和我们自己的生活息息相关的事情。

第三步：注入价值感事件。

在第二步中，如果积累的价值感闪现时刻足够多，那么你会慢慢感受到自己价值感的轮廓，然后按照这个轮廓（哪怕是个模糊的轮廓）的指引，逐渐在你的生活中注入价值感事件。为什么是“注入”呢？首先一定要慢慢来，不能太过挑战你本来的做事方式，否则你会比较容易产生抗拒心理；其次，做的事情一定不能和你本来的生活习惯相差太多，不要逼迫自己去做太过超出舒适圈的事情，这样的价值感事件才能和你本来的生活很和谐地融合在一起，不容易出现排异反应。

接着，如果第二步的例子中的时刻总是频繁地出现在我的生活中，那么我至少需要和身边的人开始尝试进行一些我期待的深

入交流和沟通。但肯定不能到处找人开始尝试，因为大幅度地改变自己的生活状态多半会让自己陷入一种不安和焦虑中，反而得不偿失。所以我选择了当时和我最亲近的室友，平时我俩嘻嘻哈哈的，很少聊心理层面的事情，但有一天她回到宿舍，脸色特别不好，说自己和男朋友分手了，特别难过。

如果是以前的我，可能就会拍拍她来安慰一下，但我决定按我心里真正想要沟通的方式来安慰她。于是我问了一下事情的发生原因，并且帮她分析了一下情况，她也发问了很多很难回答的问题，我都努力去回应她。结果从那次开始，我们的关系从精神上更亲近了，是和之前不一样的感觉，好像产生了人与人之间的某种联结感和意义感。后来，我就成了同学圈子里的知心姐姐，同学们遇到问题都喜欢来找我开导和解决，我也很享受这个过程。

我现在回忆起这件事情才发现，原来心理咨询早就在我心里种下了种子，那是我这么近距离地感受到语言对一个人的力量可以有多强大。用对话去帮助一个人解决问题，就是我当时体验到的价值感，也是我再也没有动摇过的职业选择。

本章描述的年龄阶段是我们人生中的第一个小高潮，它赋予了我们定义自己的权利和力量，让我们在层出不穷的挑战中幸存下来。如果很不幸，没能在第一个小高潮中获得原始的核心价值观，那么即使成人，我们依然可以回到当初暂停的位置，现在的我们有了更多的人生经验，可以用我们真正的意愿来实现价值感的重塑。

重塑自我心智（6 ~ 11岁）

我会成为更好的自己

黎明的黑牛奶我们傍晚喝

我们中午早晨喝我们夜里喝

我们喝我们喝

……

你的金发玛格丽特

你的灰发书拉密

——保罗·策兰《死亡赋格》

这一章，我们将进入6～11岁的童年中期，这个时期的我们，会带着刚刚建立好的价值感，哪怕只有一点点价值感，也会迫不及待地想要吸收这个世界上一切新鲜的玩意儿，让自己迅速膨胀起来。这个时候的我们可能还不知道现在流行的“拖延症”是什么，每天一睁眼就是冲、冲、冲，做着各种各样自己喜欢的事情，一切都充满巨大的乐趣。但也是在这个阶段，我们可能会第一次经历自卑感，那是一种一旦体验到就会想要藏起来的情绪，一种即使藏起来也怕别人会察觉到的感受。这种情绪让我们第一次感受到自己成人的一面，似乎和周围还在享受天真的小伙伴们是格格不入的。当我们回忆这个阶段的时候，可能会惊讶地发现，小学的自己就是现在的自己的缩小版，有很多相似的地方在这个时候就已经有了大概的模样。所以在这章，我将带大家从这个缩小版的自己身上，解开更多关于我们自身的谜题。

第一节　多维度自我

一切都和我有关

一般情况下，6 ~ 11岁是我们的小学阶段，所以大家在理解这个阶段的时候可以把我们的视角带回到小学的时候。那个时候我们还不太会问“自己是谁”这个问题，更像是一个章鱼，把触角任性地伸到生活的各个方面，好像什么都和自己有关系，什么都想插上一脚。我想大部分人经历的小学课堂都是非常热闹的，每当老师提个问题，底下的小手都举得高高的，生怕老师看不到自己似的。爱表现是这个阶段的一个特点，而且很多让我们现在想起来会不好意思的事情，那个时候都会自告奋勇去做——绝对不能把自己落下。这是一个多维度的自我绽放的年纪，在我们还没有给自己定位的时候，可以自由地探索自我，这也是为什么这个年纪的孩子总是给人一种疯疯闹闹的感觉。但自由需要限度，否则会变成失控和危险。

我是谁？都可以

5岁之前，我们大多数人还处在一种非黑即白的思维模式中，但从这个阶段开始，我们已经可以开始用多角度看待问题。我们的自我概念进一步发展和提升，可以更有意识地对自我进行判断，而且自我判断更加现实、平衡和全面，我们形成了一个叫做表征系统的东西，也就是我刚才提到的多维度自我。大家是不是挺意外的？原来我们这么小的时候就有了这么厉害的技能，可以从各个方面综合地用不同维度、用丰富的素材来看待自己，但反观现在，我们却常常用越来越狭隘的眼光来看待自己，忽略其他同样重要的东西。

我朋友的一个侄子，正上小学五年级，我第一次见他的时候问他："你在学校喜欢上什么课呀？"他是这样回答的——

> 我喜欢上语文课，喜欢写作文，老师经常夸我作文写得好，让我觉得自己特别厉害。但是很多男生都喜欢数学，上奥数什么的，每次考试都拿100分，我觉得自己有点笨。可是我真的不喜欢数学，没意思，所以也不重要，60分就行了，哈哈。

这真的是一个心理发展很顺利的孩子，通过这段话我就能感觉到，他不仅能够关注到多个维度的自己，对于自己的弱势也不苛责，也说明孩子的父母对他的教育还是很温和的。有很多父母听到孩子这样说可能就着急了："就这么点出息？60分就行了？考不好还有脸说？！"这样的教育下，孩子的多维度发展可能就会受到影响，认为评判自己好坏的方式只有一种，那就是考100分，不然就是没脸的、没出息的。

这个阶段最重要的就是保护孩子的多维度自我，因为随着长大，孩子对自我的定位会逐渐趋向单一，如果之前建立了认为某种单一的标准就是好的的观念，而且这并不是自己发展成的样子，那么孩子就很容易在确定自我的同时，又攻击自我，而且这个矛盾是不可调和的。很多父母认为如果自己不把标准定得高一些、严格一些，孩子就会长歪、变坏。但事实是，如果父母制定的标准和孩子的特点是毫无关系的，那么孩子最终还是会在自己天性的引导下找到自己，只是徒增了厌恶自己的烦恼。

这个阶段一定要让孩子找到自己做决定的感觉是怎样的，如果总是被互相矛盾的规则、模棱两可的规则干扰，就无法体验自己做决定的坚定感。长大后面对做决定的地方更多了——比如交往了半年的对象带回家，父母如果不表态，自己都不知道是不是要和这个人继续；高考完选专业，如果父母不支持，自己都不知道真正喜欢的专业是什么，最后可能稀里糊涂选择了一个；在工作中，如果老板不给出明确的评价，就完全不知道自己到底工作得如何，在遇到问题的时候，也不知道是该留下克服困难，还是果断离职，换一个更有利于自己发展的环境……

不过大家不用担心，如果我们在这个阶段的多维度自我发展受到了阻碍，也并不是说我们这部分的自我被完全剥夺了，它还在，只是被压抑了、被掩埋了，后面的方法工具箱会带我们把这部分自我找回来。

现实自我VS理想自我

“知道自己按照世俗的标准没那么优秀，但还是喜欢自己”是一种怎样的体验？要回答这个问题，就要从现实自我和理想自我说起。现实自我就是按照所生活的社会中默认的规则来描述自己，这个部分不可避免地会通过和别人的比较来判断自己究竟在社会标准中处在什么位置。比如我们现在所处的社会对于高颜值颇为追捧，那从社会倾向于把大眼睛、巴掌脸等标准作为高颜值的标准来看，评估一下我自己，在这个方面，我的现实自我就不是高颜值，我属于单眼皮、小眼睛和大脸盘，大部分情况下很难拍出好看的照片，确实也是一个困扰。

那么什么是理想自我呢？它肯定无法完全脱离现实社会所存在，甚至很多时候会影响到我们的理想自我。比如在自我评估后，得出一个“我的颜值不高”的结论，那么我接下来的理想自我可能会有两个方向。一个方向是，我确实觉得颜值很重要，那么我的理想自我可能就是要更好看一些，为了好看，也许可以做更多的尝试；另一个方向是，虽然社会对于颜值的标准很高，但我有自己认为更重要的东西，比如我是不是能够按自己的想法生活和工作，那么可能在我的理想自我中，颜值就不占太大的比例。

相比于第二种理想自我，第一种理想自我可能更容易陷入自我否定的状态中，因为它不容易区分这个理想自我究竟是你被迫形成的，还是恰巧社会规则也正如你自己的期待？比如我曾经在一个访谈节目中遇到两位都很在意外表的女嘉宾，一位是自然状态下很符合社会标准的漂亮女孩子，另一位是为了达到社会审美标准而持续整容的女孩子。乍一看，是不是前者会比后者活得更自在一些呢？结果却是完全相反的，第一位女孩子因为成长在一个父母对于外表过分苛责的环境中，所以对于外表的任何话题都是非常敏感和纠结的。无论外界怎样评价她好看的外表，她都没有办法坦然接受，完全不知如何回应。而第二位女孩子，可以很大方地跟别人分享自己整容的经历，并且也不忌讳表达自己对外表的追求。

这两个人都有可能将颜值放在理想自我中，但很显然，两个理想自我的状态是相差很大的。那是不是说第二种理想自我，也就是可以不按照社会的要求来定义自己的方式，就更好呢？答案是未必。也许不容易像第一种理想自我陷入自我否定当中，但也容易发展成为另外一个极端，那就是干什么都要反着来、特立独行、处于反叛的自恋状态。比如在我的印象中，我在中学时期为了追求与众不同，甚至要刻意打扮得丑一些，这样如果我其他方面的才华表现出来了，我才能完全确认究竟什么地方是真正的闪光点。我有时候回看那个时期的照片，会哭笑不得，一直顶着一个假小子的发型，但在慢慢找回自己之后，我发现我还是挺喜欢长头发的。虽然我现在花在外表上的时间仍旧是非常有限的，但我会发现我的理想自我似乎有了更融合和更平衡的一种状态，我会尝试把多种元素都放进理想自我中，比如之前被我排挤的外表、一直以来追求的自由，最近又在考虑把爱学习放进我的理想自我中。

我们在不同的时期会把不同的元素放进我们的理想自我中，它们的任何变化都会影响我们的自尊发展，这个部分我们会在本章第四节中继续深入讨论。在这里我们可以回答最开始我提出的问题了——“知道自己按照世俗的标准没那么优秀，但还是喜欢自己”是一种怎样的体验？那就是你明确地知道自己的现实自我是怎样的，你没有高估或者低估自己，与此同时，你也会按照自己的意愿把你认为重要的东西都放进理想自我中，这个理想自我可能和你的现实自我有差距，但你能够分清现实自我和理想自我的意识，能够让你找到完整看待自己的视角，而这种完整感就会让你产生喜欢的感觉，因为喜欢的本质是接纳。很多时候，我们的不接纳都是因为一个原因，那就是我们总是能以比别人更快的速度发现自己身上哪里不够好，然后无限放大它在我们自我中的比重，也就是理想自我过于单一。比如小时候父母总是强调考到第一才是好孩子，才是优秀的孩子，长大之后，这种价值观会渗透到生活的方方面面——工作不能有任何差错自己才有价值，自己各方面都是完美的才值得别人喜欢……在最后的方法工具箱，我们将一起来找到自己的现实自我和理想自我。

自我的边界：共同约束和惩戒

孩子是从什么时候开始真正长大的？其实比很多家长以为的时间要更早。大部分人可能都会以18岁为一个参考线，但早在七八岁的时候，孩子就已经成“小大人”了。而且这个词并不是一个玩笑话，他们真的可以开始发挥更多的主见，进行更多的决策了，父母一定要学会放权，不然真到18岁的时候，孩子就真的还是孩子。

小学的这个阶段，孩子开始更多地在学校中学习和生活，父母要开始把控制权慢慢地从自己手中放出来，然后转到孩子的手中，这个阶段叫做“共同约束”，父母和孩子共享控制权。父母负责监督，孩子则享有自我调节的权力。比如这个时候非常令父母头疼的一个问题是，孩子经常和谁一起玩，交朋友的问题。我记得我上小学时常常会听到很多父母让他们的孩子多和学习成绩好的孩子玩，远离那些爱闹腾的、成绩不好的孩子。父母的想法不无道理，毕竟根据自己的生活经验，近朱者赤、近墨者黑，如果总是和品行不端的孩子在一起玩，可能会更容易养成一些坏习惯。但是生硬地告诉孩子，甚至强迫孩子要和谁玩、不准和谁玩，孩子是不信服的，他们需要参与到这个决策的过程当中，并且父母也需要保留一定的空间给孩子做决策，也就是自己虽然是更有经验的一方，但确实不代表放在孩子身上就一定是最正确的。

凡事都给孩子一个商量的氛围，当他们感觉到公平时，他们会更倾向于遵循父母的意愿。当然也千万不能太放任，毕竟他们的认知水平还是有限的，尤其是在多维度自我的特点下，他们脑袋瓜里的奇思妙想可是层出不穷，有些可能是危险的，就非常需要父母的约束。但如果平时没有把这个温和的权威形象建立起来，那就是“真到用时方恨少”了。

不过即便有权威的形象，面对一些重大问题时，究竟怎么样来体现父母的作用，仍旧是至关重要的，尤其是体现在“惩罚”这件事情上。大家可以回忆一下，在小时候遇到了问题，或者自己惹了麻烦的时候，父母是如何回应和处理的呢？表4-1里面就涉及父母教育的四种类型。

表4-1　家庭教养方式

家庭教养方式		接纳/响应	
		高	低
要求/控制	高	权威型	专制型
	低	放任型	忽视型

权威型：对孩子有高要求和高控制，同时对孩子的需求又是高度接纳和响应的。比如电影《阿甘正传》中，阿甘的母亲既会教育他生活的规则和做人的原则，也会格外爱护他的心理敏感。当孩子遇到麻烦的时候，会和孩子一起讨论，然后一起想出解决的办法。

专制型：对孩子只有高要求和高控制，不听孩子提出的需求。比如很多国产影视剧中，母亲常常会被塑造成专制的形象，用孝顺来绑架孩子的付出。那么这样的父母在孩子遇到麻烦的时候，会把孩子甩在一边，然后用自己认为更好的方式，替孩子摆平一切，完全不在乎孩子是怎么想的。

放任型：没啥要求和控制，但是孩子有需求会第一时间出现。这种父母类型让我想起了我高中的一个老师，他从来不管儿子是不是电脑游戏玩多了或者作业写没写，但是只要儿子想买什么限量版球鞋之类的，毫不犹豫地就给买了。这样的父母可能在孩子遇到困难的时候很难主动发现，如果孩子不说的话，就这么忽略掉了。

忽视型：孩子基本没有存在感。比如美剧《老友记》中，莫妮卡的父母眼里只有哥哥罗斯，自己无论怎么努力，在父母眼里都是透明的。这样的父母在孩子遇到困难的时候，不会重视，比如校方如果联系到父母想一起商量怎么解决孩子遇到的问题，父母可能根本不会出现。

如果孩子的边界没有健康地建立起来，在学校这个小社会里就会更容易用原始的本能的方式来解决问题，也就更容易卷入校园暴力的漩涡中。容易导致校园暴力行为的父母的教养方式多为专制型和忽视型，因为这两类的孩子在遇到问题的时候，是不会找父母求助的，就更容易接触到错误的处理问题的方式，从而陷入困境。很多时候校园暴力未必是非常触目惊心的场面，可能就是生活中非常小的细节，但长时间积累下来，会对一个孩子的自尊心造成侵蚀性的影响，甚至没有参与的旁观者也会在无意中成为帮凶。

比如我记得曾经初中的时候，有一个男生的头颅棱角非常分明，当时历史课正在讲北京猿人的特点，班上就有调皮的男生给他起了一个北京猿人的外号，叫了整整一年的时间，其他同学，包括我在内，从来没叫过，但是我们会觉得好笑。一年后，我们升到高一个年级的时候，没有再看到他，听班主任说他留级了，因为我们班的风气非常不好。当时没有人在意这件事情，但不知道为什么我自从学了心理学之后常常想起这件事情，那件事情的本质其实就是校园暴力，我也一直在想如果当时可以有不同的反应和做法，也许那个男生就不用再耽误一年的时间。而自我边界是一个很重要也很容易遗漏的教育议题，是家长、学校和社会需要承担起来的重要责任，没有一个孩子应该成为任何暴力形式的牺牲品。

方法工具箱：去掉人设

现在网络上很流行人设，比如明星需要有不同特点的人设来吸引不同群体的粉丝，定了之后就好像很难修改，不然会面对比较大的阻力，因为人们往往需要一个稳定的期待来获得建立关系的安全感。普通人的生活中其实也是如此，我们需要在自己的社交圈子中建立某种人设，这样才能找到在团体中的位置，让别人有稳定的期待，也让自己知道在什么情况下，自己的人设可以如何回应。有个人设其实也不是什么糟糕的事情，它的确可以给我们提供一些人际交往的参考，或者我们可以把人设理解成“人格中核心元素的对外表现”，我们每个人当然都有一些与众不同的特点。

但一旦某种人设变成了枷锁，比如我是一个讨好者，或者我是一个小透明，当我们做出不符合这种人设的时候，会面临社交圈子中的人际压力，大家会不适应，我们为了避免这种压力，又会缩进自己并不喜欢的人设中。要想真正打开自己，我们需要一个“去掉人设”的方法。

第一步：现实自我VS理想自我。

分别写出能够代表你的现实自我和理想自我的三个词汇或表达，词性尽可能是描述性质的，而不是评价性质的（比如不符合大众审美的单眼皮是描述性质的，但眼睛丑就是评价性质的）。给大家举个例子，对于我来说——

现实自我：

· 外形条件在社会主流标准中属于平均水平。

· 工作不稳定、有风险。

· 有志同道合的朋友，但不能常常见面。

理想自我：

· 有自己的外形和气质风格，简约但多元。

· 做出一番可以为社会提供意义和价值的事业。

· 志同道合的朋友都住在距离很近的地方。

完成之后，审视一下现实自我和理想自我之间的差异，确定一下这差异是自己想要去追求的人生方向呢，还是变成了完成别人期待的被迫使命？如果是前者，那么大胆去追求；如果是后者，那么就需要第二步的帮助了。

第二步：多维度自我。

试着把自己带回到我们的自我开始绽放的阶段，然后给自我一个新的机会，回想一下小学的阶段，那个时候你都有哪些兴趣和好奇心，但因为外界的各种因素，没有机会去尝试。同时也可以加入现在才出现的一些新想法和念头，然后把这些汇总起来，一一列出来，这些可能都是被你遗失的自我的一部分，这个清单越长越好。跟大家分享一下我可能遗失的自我：

电子琴、架子鼓、古筝、画画、舞蹈、英语、旅行、历史、漫画、桌游、电脑游戏、哲学、写作、导演……

然后写出自己看到自己清单的第一观感，任何想法都可以，让自己联想到的发散思维表达出来。比如我看到这个清单的第一感觉是，这些我仍然感兴趣的事物，在我现在生活里竟然几乎没有存在感，我似乎和我自己的某一个很重要的部分割裂了。如果你在第一步中不知道自己真正的理想自我是什么，就可以从这里找到答案。

第三步：成为自己的理想父母。

即使自己找到了方向，但实现的过程是需要时间和支持的，我们需要一个理想父母帮助我们，但如果你遇到了困难，很显然理想父母的角色可能是缺失的。那么这个时候我们该怎么办呢？时光无法倒流，我们并不能真正地改写过去的事实，但我们可以创造新的事实，那就是成为自己的理想父母。刚才我们提到的几个父母类型，是我们参考的方向，我比较推荐大家在权威型和放任型中间找到适合自己的一个平衡，也就是你希望自己曾经得到怎样的对待，那么就开始试着按照那样的方式来重新对待自己。但如果我们偶尔对自己有忽视或者专制，也是合理的，因为理想父母并不是完美父母，我们会朝着一个正确的方向发展，但不一定要完全成为理想的样子才是目标。我们在成为理想的过程中的努力、坚持，就是我们应该有的模样。

第二节　行动

为什么我们讨厌努力

曾经“努力”是一个备受推崇的特点，是一种夸奖和赞扬，但现在“努力”却似乎变成了一个贬义词或者带有讽刺的评价。很多人都会倾向于在人前营造一种不在乎努力，甚至鄙视努力的形象，这种风气导致很多真的愿意付出努力的人只能偷偷努力，来避开这种很难对抗的社交压力。这种压力大体来自两种原因，一种是我们对于智商和天赋过高的追捧，认为它们是比努力和坚持更值得追求的特质；还有一种原因是我们很害怕即使努力了结果还是失败的挫败感和羞耻感。我们要让努力再次以它本来的样子重新回到我们的生活，它不应该是一个被嫌弃的品质，而是我们在想要实现的人生目标上的一个不可或缺的装备。没有这个装备，我们就会患上一种叫做“拖延症”的现代病，导致我们的人生目标一拖再拖。很多人曾经在学生时代回忆起来是非常自律和刻苦的，好像拖延症是成年后随着事情越来越多、压力越来越大才出现的问题，但事实上，拖延症一般都是在很早的时候就埋下了种子，只是没有机会表现出来，一旦人生阶段进入相对更自由、没有外在紧密监督的时期，拖延症的隐患就会爆发出来。这个隐患在成长阶段的表现可能是缺失两个重要的伙伴——兴趣伙伴和动物伙伴。

兴趣伙伴

多维度的自我，就必然带来多维度的人生乐趣，“兴趣班”这种课外活动形式在小学是最为盛行的（而现在开始参加兴趣班的年纪是越来越早了）。我们大部分的自我都是在家庭、学校和社会的监督下形成的，兴趣会成为我们的自我相对自由的一种延伸。如果你有选择兴趣的权力，自我的形态就会更丰富些；但如果连兴趣都是被安排的、被强迫的，孩子将进入一种无处可逃的困境。

大家还记得自己小时候有什么兴趣是可以成为自己的伙伴吗？我小时候很喜欢画桌游的地图，一张A4纸不够，就需要把好几张纸拼在一起，画好了之后就自己玩。这是我在小时候遇到烦心事儿来安慰自己的方式，但只能偷偷画，因为父母认为只有学习才是正经事儿，其他的事情都是在浪费时间。但兴趣伙伴的作用非常重要，它同时肩负着给孩子提供自我发展和安全感两种重要的职能，尤其有很多孩子是偏回避型的人格，可能没有办法用外露的语言沟通来表达很多内心的想法，但他们仍旧是需要一个通道来释放自己的情绪和压力的，那么拥有一个适合自己表达的方式是至关重要的。

我到现在也很喜欢一个人玩桌游，游戏的竞技性对我来说不是最重要的，而是融入到一个画质精美的桌游棋盘中，摆弄各种人物和零件，是最能释放情绪的部分。我身边有一个回避型的男性好朋友，平时有很多沟通，但当他真的碰到比较大的情绪问题时，他的第一选择就是带着自己的篮球去球场和陌生人打篮球。篮球就是他的伙伴，他不止一次跟我表达过他对篮球的拟人态度。让他真正和篮球成为如此信任的伙伴，也是因为初中时家庭曾经出现过的一次经济危机，中午饭常常没有着落，为了不让身边的同学发觉，自己就会去球场打球，他很感谢篮球陪伴他度过了那段很辛苦、也很无助的人生阶段。

兴趣伙伴从某种意义上讲，可以给我们带来的安全感程度是最高的，因为他们是属于我们的，不像是真正的人际关系，总是多多少少要担心被抛弃和对方可能会离开的可能性。所以兴趣伙伴是一种终极的安全感伙伴——你有绝对的话语权，也有绝对的支配自由。

当我们长大后，似乎忘记了这种本能，淹没在学业和工作的压力中，所谓的兴趣也不是真正的伙伴，只是打发时间的工具。真正的兴趣伙伴是可以让你跟自己有一个相处和对话的时间，给到你安慰和支持，而不是掏空你、让你持续地逃避现实、让你上瘾无法自拔的消耗品。如何判断一个兴趣是不是你的伙伴呢？很简单，你只需要在做完一个兴趣后感受一下自己的状态是放松的、充实的还是空虚的、焦虑的就可以了。如果是前者，恭喜你，有一个一直陪伴你的兴趣伙伴；如果是后者，也不用担心，我们最后的方法工具箱将带大家重新找回属于自己独一无二的可以完全信任的兴趣伙伴。

动物伙伴

大家还记得自己在小学的阶段有养过什么小动物作为宠物吗？动物伙伴在儿童的人格发展中有非常重要的作用，但这种作用经常被忽略。动物伙伴会对孩子的“基本信任”产生影响，并且对孩子获得勤奋的技能非常有帮助。儿童很容易和动物建立信任型依恋，进而转化为对儿童的情感支持，这样的关系还能伴随孩子在长大的过程中学会承担和照顾他人，慢慢地完成以自我为中心的感知方式向更社会化的互动方式转变。

我记得我小学的时候养过小猫，还有小鸡和小鸭，其实我最想养的是小狗，但是父母以不好打扫卫生为由拒绝了，退而求其次，我选择了其他更容易打理的小动物。虽然当时和这些小动物共同生活的经历给了我很多情感上的支持，但对我影响最大的动物伙伴还是狗，这个心愿在我独立生活之后终于实现了。所以找到那个最适合自己的动物伙伴也是非常重要的，因为每个人和不同动物之间的联结感是不同的。如果童年时期缺少这个部分的话，自己开始独立生活之后，我是非常推荐把这个需求补充上的，尤其是对于在安全感、信任感方面有缺失的人来说。

相比于兴趣伙伴，动物伙伴更加接近人际关系的模式，所以是一种逐渐递进的人际互动练习。很多有兄弟姐妹的家庭，很自然地拥有了近距离和多人人际互动的经历和经验，但在这种关系中，往往最小的孩子也是很难得到人际练习的，往往是变成了整个大家庭的关注的重心，不容易发展出同理心和责任心。尤其是对于我所处的20世纪90年代出生的人来说，因为响应计划生育的号召，所以当时独生子女居多，就更加没有早期的亲密人际关系的练习机会。而动物伙伴就可以非常完美地补充这个空白，一方面动物的响应往往是及时、充分的；另一方面，与人类相比，在保证安全接触的情况下，被小动物造成心理伤害的概率是更小的，所以拥有动物伙伴是一种非常理想的体验和理解伙伴关系的方式。

相比于人类，由于动物的生命周期更短，所以父母有更多的机会来教育孩子人生不同阶段的一些道理和体验。比如我之前关注的一个柴犬视频博主，她和老公养了两只柴犬，四口之家在一起相处了很多年，然后迎来了夫妻二人的第一个小宝贝，在这个孩子成长的过程中，夫妻俩很注重在孩子和小狗的互动过程中进行正确的引导和教育，比如在自己有情绪的时候，不能随意打骂小狗，要平等地看待它们的生命，于是教会了孩子如何尊重生命。孩子再大一些的时候，会把遛狗、喂食等照顾小狗的责任慢慢教给孩子，孩子肯定会有犯懒、偷懒的时候。那么家长在这个时候就会有一个很好的教育机会，他们会让孩子看到如果小狗没有被按时喂饭，会饿得转圈圈，它们由于没有能力自己找到食物，所以我们是它们的依靠，于是教会了孩子如何去理解责任以及如何承担责任。这里面会有辛苦的时候，也会有看到它们吃饱饭开心地过来求抚摸的时候，这个过程可以让孩子完整地经历责任感的建立过程。与此同时，当孩子对于动物伙伴来说充当父母角色的时候，那么他们也就更容易理解自己和父母的关系。

除了上面提到的尊重、责任感之外，还有一个重要的议题是在动物伙伴关系中可以让孩子来学习和体验的，那就是死亡。比如小鸡、小鸭、金鱼等，初期养的时候，很容易因为没有经验，让它们过早地离开世界，这个时候孩子就有机会经历和面对死亡。不要把死亡看作非常可怕的事情，及时地让孩子感受到生命周期，能够让他们更早地建立对人生完整的基础认识。总之，在动物伙伴的关系中，有很多教育素材可以使用，比如孩子可能更喜欢两个动物伙伴中的一个，或者孩子的动物伙伴可能跟父母的关系更好，等等，都可以和孩子讨论相应的情绪概念，比如偏爱啊、公平啊、嫉妒心啊，等等。这是一个可以在安全的氛围和环境里，让孩子体验一些有挑战的、复杂的心理概念的难得的机会，之后当孩子在现实生活中遇到真实的类似体验时，大脑已经有了应对经验，更不容易因为不知所措造成负面影响和心理创伤。

拖延症的前世今生

成年后突然出现的拖延症，往往并不是意外，一般来讲都是小学阶段的心理发展受到了一些阻碍，因为这个阶段我们主要就是完成发展出勤奋特质的任务，所以如果你现在正在经历拖延症的困扰，那么要好好回顾一下小学阶段的经历，然后找到解锁的线索。

拖延症在心理学上的定义是：在预料结果有害的情况下，仍然把计划要做的事情推迟的一种行为。所以这里面有两个要素需要关注，那就是有害和推迟。常见的原因有三：

第一，童年父母教养方式不健康，过于苛责的管教让你的延迟满足能力（可以等待一段时间满足原始需求的能力）大大下降，也就是我们之前提到的教养方式中的“专制型”，所以成人独立后会用拖延的方式来补偿自己缺失的即时满足感。比如，我现在一定要看电影，我现在一定要玩游戏，我现在一定要吃点东西等“我现在一定要爽一下”的模式。

第二，怕失败。人都是善于自我欺骗的动物，明知自己能力有限，但是只要像鸵鸟一样把脑袋放在沙子里似乎就可以不用承认自己有限的能力。拖延就是这堆沙子，我不做，那就没有证据可以证明我能力差了，所以能拖多久拖多久。

第三，全或无思维。一件事情除非认为自己可以完美完成，否则就不做，绝对不能忍受一件事情做出来的结果是有瑕疵的，是不够好的。

而这三个原因，都是在小学阶段应该重点开始关注的三个重要问题：

父母是用怎样的教养方式（权威型、专制型、放任型、忽视型）来教育自己的？

自己在失败的时候，父母是如何和自己一起应对解决的？

全或无的思维是否在这个阶段就已形成？

如果这些答案确实都指向了小学阶段存在的问题，那么就找到了拖延症的源头。找到之后然后再回到现在，审视一下当下的自己：

如果把自己比作自己的父母，你对自己的教养方式是哪种类型（权威型、专制型、放任型、忽视型）？

在现在的学业或者事业上，如果遇到了失败和挫折，是如何对待自己，以及是如何解决的？

现在是否有全或无思维？

将上述的两个阶段的三个问题进行对比，是否发现有一定的关联和相似性呢？很多人会说讨厌父母对待自己的方式，但后来惊讶地发现自己变得越来越像他们。原因就在于，小学的时候我们的心智还比较稚嫩，所以会把父母当作神一样的存在，他们不管用怎样的方式对待我们，都会被我们合理化，并作为最正确的参考。哪怕我们心里知道是不对的，但我们也没有办法用对抗的方式和他们对立起来，因为相比于完全失去父母，有一对糟糕的父母是更好的选择，否则我们很难真的生存下来，我们会担心父母会不会抛弃自己、会不会不爱自己、会不会更加严厉地责罚自己？生存的担心，本质上就是对死亡的担心，这里的死亡并不是肉体上的，而是一种自我消失的象征。为了不去思考这个可怕的问题，我们更倾向于用屈服的方式来获得眼前片刻的安宁，保持和父母并不那么满意的关系，因为和父母联结的中断，就像是面对死亡一样令人恐惧。

但也正是因为如此，我们更需要把它放在更透明的空间里进行审视，逃避终究只是锻造了更厚的城墙，而不能消灭心魔。对于死亡，我们应该“敬畏”，但不该“畏惧”。死亡是一个在目前的科技发展阶段一定会发生在每个人身上的事件，而“我们都会死”也许是现在我们生活的这个复杂的世界里唯一绝对公平的事情。单凭这一点，死亡就值得敬畏。但是大家对于死亡都有不同程度的恐惧和害怕，这畏惧让我们逃避对死亡的思考。很多心理问题，尤其是焦虑，便产生在这无休止的“畏惧死亡”当中。死亡是一个必然会发生的事情，那么持续性地抗拒和回避其实就是把整个人生变成了一场“拖延”。死亡的象征意义可能是你的焦虑、你的深层次的恐惧、你的羞耻感，也就是一切会让你产生精神上的濒死感、窒息感，但你不想面对的那些感受，拖延到底是为了拖什么呢？就是为了拖这些。

方法工具箱：活力重组

如何召回我们的勤奋活力，结束不断被消耗的状态呢？一套活力重组教程就可以。它模拟了我们最初获得勤奋技能的阶段需要完成的任务，这些任务可以帮助我们激活沉睡的勤奋特质。可以按照下面的步骤进行，也可以根据你现在的情况，选择更容易入手的方式进行。

第一步：发展一种兴趣成为你的伙伴。

你可以从你童年的回忆中或者现在的感受中寻找那个属于你的兴趣伙伴，把尽可能多的你认为和你哪怕只有一点点关系的，甚至只是闪过你脑海的一个关于兴趣的想法列成一个清单。然后从中选定你接下来要培养的一个或者若干个兴趣，当有一个兴趣能够让你产生陪伴感、支持感、安慰感时，那么它就是你的兴趣伙伴了。不用一开始就选定某一个兴趣，非它不可，你可以在后面尝试的过程中感受它和你的关系，不合适就进行更换，不用给自己太大压力。

第二步：发展一个有生命形态的伙伴。

参考第一步的方法，列出一个你想要接触的生命形态的清单，可以是植物、动物，任何有生命体的都可以。然后在条件允许的情况下，从清单中选取一个最适合你现在状态的生命伙伴，在你的想象中，当你想到这个生命伙伴，你的生活就多了活力、希望感和期待感的时候，那么它就是你的生命伙伴了。

不过不同于兴趣伙伴，在选择生命伙伴时，可能尝试和更换的自由度没有那么高，因为对于有生命体的伙伴，你要担负的责任是更大更重的，比如如果养了某种动物作为宠物，遗弃可能是一个要想在前面的问题。所以在这一步中需要有一个额外的生命保障卡，来确保一旦自己和这个生命伙伴是不合适的，那么要有很妥善的处理，并根据表4-2的生命保障卡中的内容进行提前的准备，你也可以添加任何你认为有必要的生命保障内容。

表4-2　生命保障卡

1. 给自己尝试和磨合的时间是多久？	答：
2. 如果磨合的结果是不合适，那么妥善的处理是什么？	答：
3. 妥善处理是否提前准备好了？	答：

除此之外，在开始和一个生命伙伴相处之前，可以先了解和学习一下这个生命体的一些基本特点，以及其他人和他们相处的经验和攻略。

第三步：为自己撰写墓志铭。

哪怕死亡离我们还很远，也请你试着为自己撰写一个墓志铭。如果你明天就消失了，那来缅怀你的世人到底能从你的墓碑上看到什么呢？你这一生有什么成就呢？值得后人怀念你的地方呢？你可以写任何你想为这个世界留下的内容，它可能随着你的年龄和心境会发生变化，但请你一定要自由地书写，并在脑海中置身于那个缅怀的场景，去感受你想给这个世界或者还惦记你的人，甚至哪怕是陌生人，留下的关于你的表达。

我第一次写墓志铭是我在2014年申请出国留学的研究生时，

那也是我第一次用墓志铭的方式来审视我接下来要走的人生。我个人文书里其他的内容我都记得不是很清楚了，但开头的第一句话我一直记得——

> 我的墓志铭（2014 ~ 2021）：葬在这里的人为中国的心理咨询事业做出了力所能及的贡献，并且在历史中留下痕迹。

7年过去了，在这期间我一直用这个墓志铭指引我的方向，为这个职业能够成为像医生和律师一样的规范化社会职业努力和坚持着，现在已经帮助越来越多的心理专业的从业者真正进入了专业的心理行业。现在我第一次在本书中修改这个墓志铭，因为随着我在这个行业中工作的深入，我的方向更清晰了，也更加笃定了，我希望这个更新后的墓志铭能继续给我指引方向，带我继续义无反顾地走进接下来的人生——

> 我的墓志铭（2021 ~ ）：葬在这里的人，为中国的心理健康社会化的功能完善和发展，一生努力着。

现在是你的墓志铭时刻了，它会是怎样的表达呢？如果你计划尝试这个步骤，请一定把它写在对你来说不会忘记查看的地方。也许它会和你的兴趣伙伴、生命伙伴一起，陪伴你接下来的人生。

第三节　胜任感

要向自己邀功呀

胜任感是幸福感的重要成分，没有胜任感，体验到的幸福感都是别人给的，很难从自己身上获取。需要依赖外界的幸福感很短暂，会引发不安，患得患失，而且这种幸福感我们常常很难和别人共享，生怕被抢走。而我们真正需要的幸福感一定是从自我的内在感受到的，甚至可以分享给别人，哪怕别人有同样的体验，我们也不会担心幸福感会抛弃自己。胜任感和归因方式有很大的关系，我们怎么解释一件成功的事情或一件失败的事情和自己的关系，就是归因方式。如果归因方式出现了问题，就会出现这样一种情况：在一个公司里，你做了所有的活儿，但是别人抢在你前面和老板邀功，老板就以为你什么都没做，把你做的事情带来的成绩、奖励和荣誉都给了那个邀功的人。这听起来好像自己傻傻的，是不是？很多时候我们就是这么对待自己的，明明曾经做了很多了不起的事情，但自己从不向自己邀功，导致我们根本不知道原来自己是很厉害、很优秀的。这一节，让我们好好聊聊这个“不邀功的坏家伙”。

自知之明：归因

怎么看一个人有没有胜任感呢？那就是同时具备自知之明和全力以赴的行动力。自知之明在这里并不是一个贬义词，我在这里是想表达一个人能够客观自信的归因能力。那么接下来我们就要首先了解一下归因理论，它指的是在日常的社会交往中，人们为了有效地控制和适应环境，往往对发生于周围环境中的各种社会行为有意识或无意识地做出一定的解释，即认知整体在认知过程中，根据他人某种特定的人格特征或某种行为特点推论出其他未知的特点，以寻求各种特点之间的因果关系。简单来说就是知道自己为什么做成一件事情或者做砸一件事情。美国心理学家伯纳德·韦纳认为，人们对行为成败原因的分析可归纳为以下六个原因：

第一，能力：自己是否有做一件事情需要的知识或者技能。

第二，努力：自己是否在完成任务的过程中付出了力所能及的行动。

第三，任务难度：凭个人经验判定完成任务的困难程度。

第四，运气：个人自认为任务的成败是否与运气有关。

第五，身心状态：工作过程中个人当时身体及心情状况是否影响工作成效。

第六，其他因素：除了上面的原因外，是不是有其他相关的影响因素。

比如拿我写书这件事情来说：能力上具备心理知识和写作技

能；我在完成书稿的过程中大部分时间是自律和刻苦的，但也有想偷懒歇一歇的时候；写书这件事情对我来说是第一次尝试，还是很困难的，有很多未知和挑战也都是第一次遇到；整个过程中的身心状态时好时坏，很容易焦虑；也有很多其他因素，比如亲人朋友的支持和陪伴、编辑的鼓励、前辈的著作等。

每个人对这些原因的组合和运用都是各不相同的，而且即使归因于同一个原因，归因的稳定性、是内因还是外因、可控性，也都是不同的，大家可以通过表4-3来感受一下。

表4-3　归因维度

	稳定性		内外性		可控性	
	稳定	不稳定	内	外	可控	不可控
能力高低	+		+			+
努力程度		+	+		+	
任务难度	+			+		+
运气好坏		+		+		+
身心状况		+	+			+
外界环境		+		+		+

上面已经说过表格左侧的六个因素分别代表的含义，关于顶部的三个维度的因素，我再详细解释一下，帮助大家理解。

第一，稳定性。指的是某个因素是否在任何情况下，归因结果都是相对比较一致的。在六个因素中，一般能力高低和任务难度都是较为稳定的；但努力程度、运气好坏、身心状况和外界环境，就不一定了，它们是在完成一件事情的过程中容易出现波动的因素。

第二，内外性。指的是某个因素究竟是跟自己有关，还是跟外界有关。在六个因素中，能力高低、努力程度和身心状况都是和自己有关的，另外三个因素则比较依赖外界。

第三，可控性。指的是一件事情是否是自己可以控制的，是否由自己的意愿所决定。在六个因素中，除了努力程度，剩下的因素都被心理学家韦纳认为是不可控的。

这里要澄清一下可能引起歧义的地方，在不可控的因素里，似乎能力和身心状况会被认为是可控因素。但要注意，这里提到的不可控的意思并非能力、身心状况等因素就是永远不变的，而是说能力和身心状况的提升还是要靠努力这个前提，而且即使努力了，提升也不是必然的。所以这样看起来，我们对人生的可控性确实比较受限，但需要控制的事情倒也简单，这样想来，是不是压力也会小一些？我们只需要考虑“努力”这一件事情，其他方面都是水到渠成的结果，耐心自然等待就好。

全力以赴：期望和价值

我们已经了解了所有的归因方式以及它们的特点，现在可以开始思考一下在自己成功或者失败的时候，分别倾向于做什么归因呢？比如我自己的话，经历过归因方式的改变——以前是在成功的情况下，归因于自己的运气，在失败的情况下，归因于自己的能力；而现在无论是成功还是失败，都比较倾向于归因于自己的能力，似乎很少再考虑运气的事情。那么这两种归因方式中就有比较大的差异了：前者的归因方式，容易削弱自己的价值感，也就是成功了没自己什么事儿，失败了全都是自己的事儿；而后者的归因方式，会给自己比较大的压力，好像不管成功还是失败都和自己有关，需要自己承担全部的责任，当然它也有好处，那就是自己的可控性比较强，因为能力是可以通过正确的方法和持续的努力来提升的，这样的期待可以给自己希望感，并提供下次继续尝试的动力。

以上就是关于“自知之明”的讨论，那么何为“全力以赴”呢？究竟什么因素会影响我们做下一件事情的动力呢？

表4-4　归因维度：稳定性和内外性

	稳定性		内外性	
	稳定	不稳定	内	外
能力高低	+		+	
努力程度		+	+	
任务难度	+			+
运气好坏		+		+
身心状况		+	+	
外界环境		+		+

因为可控性这个因素中，除了努力都是不可控的，讨论空间不大，所以通过表4–4，我们重点来看下稳定性和内外性这两个维度。首先这两个维度是相互独立的，稳定性决定着是不是对下次做同一件事情还有期待，内外性决定着我们是否认为下次做同样的事情是有价值的。如果一个人在归因的时候都比较倾向于稳定的因素，比如能力或者任务难度，那么就会在下次做这件事情的时候期待继续成功；如果倾向归因于不稳定的因素，比如努力程度、运气好坏等，那么下次就会觉得不那么有把握了。那么对于失败的事情，如果总是归因于稳定的因素，比如能力太差或者任务太难，那么之后再遇到类似的事情，就会更容易做失败的预期和打算；但如果把失败归因于不稳定的原因，比如上次就是运气不好或者努力不够，那么对于下次的任务能否成功还是有很大的期望的。

接下来再来看内外性这个因素，如何进行这个因素的归因，将影响着我们对个人价值的判断。如果我们在成功做成某件事的时候，归因于内在的原因，比如能力、努力或者心理素质，等等，那么就会非常有价值感，并因此奖励自己；如果是外部归因，比如成功是因为任务简单或者自己运气好，那么即使做成了一件事，也不会觉得多开心。那么对于失败的事情，比如某一门课总是考不好，如果认为是自己天赋能力不行，那多学无益，就不想再多付出努力，因为觉得怎么学都学不好的，就会更容易放弃；但如果认为是老师教得不好，自己还是可以再拯救一下的，那么可能会有动力去报课外班继续学习。

综上所述，我们什么时候最容易进入一种全力以赴的状态呢？那就是既敢对自己有高期待，也能够感受到自我价值的时候，也就是成功的时候会倾向于稳定地向内归因，失败的时候会倾向于不稳定地向外归因。而很多时候我们的归因方式是反过来的，比如考好了，就觉得是自己运气好，出的题刚好都会，自己不会的题正好没有考到；而考坏了，就觉得这就是自己的真实水平，自己其实能力不行，上次能考好果然是运气好。那你可能会问，那一个人如果一直考得挺好，是不是就会有价值感了？也未必，如果这个人的归因方式是削弱自尊的，就真的会强行让自己认为是每次都运气好。

我想大家身边曾经应该有那种平时小考成绩不错，但是一到大考的时候就突然出现很大波动的同学，或者也许自己就有过这样的经历，这很可能就是由于归因方式导致的，即小考的时候都是简单的题，我自己的实力没那么厉害，大考的时候就会显出原形，带着这样的担心和焦虑，就很难有最佳的考试状态，最后真的影响了成绩，又坐实了自己的归因推测，下次还会继续用这样的方式来归因，价值感就很难建立起来。成功的经验反而成了削弱自尊的证据，真的是令人心痛的事情，如果大家也在经历这样的困扰，一定要好好学习一下最后的方法工具箱。

生活不能自理VS工作狂

胜任感太少或者太多，都不是好事。如果觉得自己什么都干不了，那么就会退缩到家庭的保护伞之下，没有办法进行独立生活；但如果太过于勤奋，可能会忽略必要的社会关系，变成“工作狂”。

先来讨论一下胜任感过低的情况，因为不相信自己可以独立完成任何事情，所以会非常希望能够找到可以依赖的对象，小时候是父母，长大后可能是同学，再后来可能是恋人。如果很幸运，在人生的每一个阶段都能找到一个可以依赖，也愿意让自己依赖的人，也能顺利地过这一生，但由于在这个过程中，被依赖的人其实本质上充当了一种工具，所以表面上看似依赖别人的被动关系，实际上是一种不平等的关系。

我从高中开始很喜欢观察周围的人际关系，其中有一种类型很有意思，我给它取名叫“连体婴关系”。我发现有这样一个女生，我从未见过她一个人的样子，每次只要她进入我的视野，无论是上卫生间、吃饭的路上、上学的路上、操场上，一定都至少有另外一个人陪同。后来和她很要好的一个朋友成为了我的同桌，我才知道事情的另一面，很多时候那个女生提出来的同行需求，同桌其实不太想配合，比如自己在课间的时候不想去卫生间，对方就一定要强行拉她同去，如果拒绝的话，会被对方评价为不够意思，并且自己也赌气不去了。就这样，两个人拉拉扯扯一年多，终于同桌受不了这种窒息的关系，单方面结束了这段关系。在那段时间，看着那个女生一个人无助的样子，也是心生怜悯，但没多久，对方又找到另一位可以依赖的朋友，结束了上一段友情结束带来的痛苦。这种把人当成工具的、不平等的关系，好像自己处在一个有利的优势地位，但它是一个陷阱，其实被我们真正当成工具的人，是自己。

再来讨论胜任感过强的表现，即“工作狂”。同样地，只要这种状态是自己的主动选择，并且愿意承受随时而来的代价，也不失为精彩的人生，比如很多大企业家都是这种类型，每天睡眠时间很短，所有的时间都会周转于不同的公务间，即使身体亮了红灯也不愿停下来。虽然这样的状态在很多人看起来可能是不健康的，甚至是病态的，但还是那句话，一个人是否正常或者健康，本人的个人意愿和对其的影响程度才是最终的判断标准（达到精神疾病诊断标准的除外）。

不过，我们还是要谈谈工作狂的状态可能会有的潜在危险。过度执迷于事情本身，其实可能是对于充满危险和未知的社交关系的一种排斥和远离，这样就可以保护自己免受伤害。毕竟，事情再复杂再难，总还是有一套相对固定的逻辑规则可以参考，但在人际关系中，我们很难拿到一本参考书搞明白其中的所以然。疏远人际关系固然可以在一定程度上保护自己，但也几乎切断了自己所有可能练习的机会，形成自己人际相处的理论，这是需要大量人际经验才能形成的理论。所以一旦遇到一些棘手或者有挑战性的关系，比如恋爱中的波动，或者人事关系的变动，由于之前没有这方面的经验理论，很容易造成情绪上比较大的创伤。比如我的来访者中，有一些人在事业上非常成功，但却很容易被一件很小的感情问题绊住手脚，再加上经验的缺乏，太多之前积累的情绪就会爆发出来，造成失控。一旦有过失控的经历，就又会想要赶紧回到自己舒适的工作区，就再一次切断了人际关系练习的机会，如果下一次再遇到人际波动，可能又是一场大灾难。

所以无论是胜任感过低或者过高的情况，都一定要在自己状态好的时候，试着做一些舒适区外的事情。独立能力缺乏，就要给自己创造一个人做事情的机会；过分独立，就一定要和自己信任的人一个感受到自己情绪的机会。跳出舒适区是一个已经很泛滥的概念，但它仍有价值，最重要的意义就在于，让我们在状态好的时候做一些储备、准备一些面对不擅长的事情时需要的工具，这才是对自己最好的保护。如果正在看书的你，此时此刻状态还不错，那咱们一起来试试“归因模式大换血”这个能够提升基础胜任感的方法吧！

方法工具箱：归因模式大换血

大家读到这里，应该已经认识到了一件事情，那就是我们的胜任感和归因模式有很大的关系，所以要想提升自己的胜任感，找到那种“只要我想做一件事情，我就敢去尝试”的状态，就要从根本上调整我们的归因模式。

第一步：归因扫描。

首先我们需要扫描一下自己现在的归因方式是怎样的，请大家想出截止到目前的人生中印象尤为深刻的6件事情，分别3件成功的事情、3件失败的事情，然后按照下面的要求填入表4-5。

填表要求：在每个事件下方，标出你认为这个事件之所以成功或失败的三个重要原因，在相应位置画“√”即可。

表4-5　归因扫描

归因因素	成功事件1	成功事件2	成功事件3	失败事件1	失败事件2	失败事件3
能力高低						
努力程度						
任务难度						
运气好坏						
身心状况						
外界环境						

通过这个表格的填写，我们可以直观地看到自己的归因风格，如果你希望更加了解和确定自己的归因风格，也可以增加更多的事件来分析归因风格。

第二步：找到病因。

这里的病因并不是说真的到了疾病的程度，意思是我们要找到症结在哪里，否则我们只是在不断重复一样的模式，承受同样的痛苦。常见的症结不多，这里给大家总结出三种，提供一些参考。

症结一：与我无关。

如果查看上述的表格，成功事件1、2、3和失败事件1、2、3的归因中，能力高低、努力程度、身心状况这三个因素在所有因素中所占比例低于40%，那么说明有“与我无关”的倾向，那就是你并不认为一件事情的成功和自己的内在特质有较大的关系。这个症结会让你进入一种非常痛苦的循环，那就是你的成功越多，你越恐慌，总担心自己其实没有真正实力的这个秘密有一天会曝光。

症结二：低到尘埃。

如果成功事件1、2、3的归因中，能力高低、努力程度、身心状况这三个因素在所有因素中所占比例低于40%；同时失败事件1、2、3的归因中，能力高低、努力程度、身心状况这三个因素在所有因素中所占比例高于60%，那么可能有“低到尘埃”的倾向，你认为失败全是自己的责任。这个症结会导致我们总是把自己放在放大镜下审视自己，而且只看自己的缺点，好像那就是自己的全部。

症结三：总想甩锅。

如果成功事件1、2、3的归因中，能力高低、努力程度、身心状况这三个因素在所有因素中所占比例高于80%；同时失败事件1、2、3的归因中，能力高低、努力程度、身心状况这三个因素在所有因素中所占比例低于20%，那么可能有“总想甩锅”的倾向，也就是好事都是自己干的，但是坏事都是别人导致的。

这个症结可能会让我们主观上总是处在一种自我感觉良好的状态里。在现实生活中可能没有办法客观地评价自己，导致我们在学业或者工作上无法取得自己理想的成绩，并且总是处在一种埋怨外界的状态中，别人可能无法靠近。

如果你不符合上述任何一种症结，恭喜你，说明你的归因方式相对比较平衡，如果有时候会因为归因的方式造成困扰，那也只需微调即可，并非太大的问题。如果发现自己在上述的症结中中招了，也没关系，我们接下来的最后一步来治治它们！

第三步：更换致病因素。

这一步学习起来其实很简单，唯独需要的是大家的长久的坚持，因为你的归因方式并非一夜之间形成，所以在更换的过程中也是需要给自己时间和耐心的。每次在成功或者失败之后，只需要额外的一点点努力，积累下来，就能从根本上改变自己的胜任感，让我们做什么都元气满满。

方法一："与我无关"的克星：睁大眼睛。

每次做成功或者做失败某件事情后，要给自己做一个复盘，需要在原来归因的习惯上，再额外至少增加能力高低、努力程度、身心状况这三种归因因素中的一种，可以给自己专门准备一个笔记本，记录每次的归因结果。对于"与我无关"的读者，一定要"睁大眼睛"看看自己漏掉的重要因素，如果每次我们都能捡回来一点，至少我们就能成为自己生活的中心。

方法二：“低到尘埃”的克星：抖抖土。

成功事件中，需要额外关注能力高低、努力程度、身心状况这三个方面，至少要在原来归因方式的基础上额外增加一个；失败事件中，需要额外关注任务难度、运气好坏、外界环境这三个方面，每次归因时，至少增加一个。

方法三：“总想甩锅”的克星：多视角。

每个失败事件结束后，保持原来的归因方式不变的基础上，看看是否在能力高低、努力程度、身心状况这三个方面还有可以提升的空间，至少增加一项；每个成功事件完成后，可以继续保持原来的归因方式，这个部分不用强求自己一定要找出什么原因来降低自己的价值感，只需要简单确认一下，自己的归因结果和实际情况并没有太大差异就可以了。这个环节重点关注失败后的情况即可，如果自我评价实在有盲区，感觉完全找不出来有什么问题，但现实的生活确实好像一直在原地踏步，那么可以跟身边信任的人聊一聊，看看他们是不是能给你提供更多的盲区外的视角。

最终我们要实现一种平衡的状态，即大部分情况下，自己的成功更多归因于自身的特点，失败后则能够相对客观地多维度分析自己，既不自大，认为都是别人的问题，也不过度贬低自己，把责任全揽在自己身上。在平衡归因的状态中，当我们面对自己真正热爱的事情时，就能够持续爆发出全力以赴的动力。

第四节　自卑感

小社会的冲击

小学阶段的开始，也是我们第一次感受到朋辈压力的开始，我们从天真烂漫的幼儿园散养生活，迈入了开始有组织有纪律的“小社会”生活。之前，我们会追随父母的脚步，他们的存在就像神一样重要；但这个阶段开始，同伴的影响力开始逐渐增大，我们会从他们身上学到大量的新鲜事物，有些是好的，有些是令人担忧的。自卑就是从这里开始的，从我们在人群中和别人比较开始的。但有自卑感可不是世界末日，我们的心理韧性就是在和自卑的不断较量中变得越来越强大的，和它斗争的经历让我们的自尊更加有底蕴，不是轻飘飘浮起来的空中楼阁。所以此书与一般的心理科普书不同的是，我不想教给大家如何摆脱自卑的方法，而是希望跟大家一起来认识和理解自卑，把它变成真的值得信任的朋友，而不是试图去消灭它。

朋辈压力

自卑感有很多模样，但不管是哪种样子，都一定是在人际关系中表现出来和体验到的。下面的表达可能会让很多人感到不适，正是因为它们和自卑感有着千丝万缕的联系——小团体、不受欢迎、局外人、没有朋友、别人有的我没有……大家发现没有？这些表达都和别人有关系，如果一件事情跟别人没有关系，是不会引发我们的自卑感的。所以刚开始接触“小社会”的我们，是如何看待自己的呢？其实就像我们刚来到这个世界上的时候，需要依赖父母的反馈来看待自己一样，我们会依赖同龄人的反馈和评价来找到自己的角色和位置。

我小学时转过一次学，深深地体验到了通过别人的反馈找到自己位置的感受。记得转校的第一天，我坐在靠墙的正数第二排，一转头就能看到整个教室，课间的时候我观察同学们的互动，他们好像一下课就知道自己要找谁，或是一起上厕所，或是一起追跑打闹，或是三两个人凑在一起聊天。我像一个局外人看着这一切，不知道自己的位置在哪儿，只能默默地拿出自己的贴画，在本子上写写画画。这个时候前桌的同学偶然回头看到我，突然“哇”了一声，说我的贴画好漂亮，然后我大方地送了她几张，她又分给了其他同学。于是我就变成了有漂亮贴画，而且可以随便送给大家的新同学人设。现在回忆起来，我突然意识到，原来别人的关注其实就是对你进入某个集体的一种邀请。

再后来，我加入了一个小团体，这就意味着我和小团体里的成员需要常常一起上下学、需要一起上厕所、中午需要一起吃饭、体育课需要一起自由活动……起初我觉得很开心，好像到哪儿都不孤单，但后来慢慢觉得变成了一种压力，因为小团体不只有一个，而是有很多。不同的小团体之间未必是朋友，多半是互

相看不顺眼的“敌人”，然后就被迫卷入了一些“战争”，形成了一些偏见。我所在的小团体的其他成员家庭条件很优越，平时会攀比谁的学习用具或穿戴更好看。我唯一能炫耀的就是我有很多好看的贴画，它们是我从舅舅的图片工作室拿回来的。但这样的炫耀资本未免有些力不从心，所以就会常常无奈地听到一些刺耳的声音，比如有一个女孩会经常惊讶于我们家没有的东西。

啊？你们家没有冰箱？

啊？你们家没有空调？

啊？你们家没有微波炉？

啊？你们家没有电脑？

……

我当时也真的在想，对呀，我们家怎么什么都没有，是不是不太正常，当这个想法产生的时候，自卑感也就随之产生了。而在此之前，在没有同龄人反馈这些信息的情况下，我并没有觉得没有这些东西对我的生活造成过任何影响，更没有自卑的感觉。可见，朋辈压力的力量真的是非常强大的。

前面我们提到，不同的人自卑感的表现形式是不同的，有的人可能因为家境条件的差距而对那些更优越的人表现出顺从和讨好，而有的人可能完全是相反的，充满挑战和反抗。虽然是完全不同的表现，但都有可能是由于同样的动机而做出的。我想在这里给大家分享一下个体心理学家阿德勒在《自卑与超越》中提到的一个自卑情结，他的定义是：当某一个问题超出个体的适应程度或能力范围，并且承认绝对无力解决的情况下，就会产生自卑情结。我分享的目的其实是想重新为自卑这件事情正名，自卑其实就是在描述一种人人都可能会遇到的现实状态，是我们的基本情绪之一，不应该把它妖魔化或者贬低化，好像自卑是一种负面的概念。它其实就像我们受到伤害的时候会悲伤难过一样，不是因为缺陷而致，就是一种正常的、合理的情绪。有了这种情绪，也不要发誓消灭它，而是要像难过悲伤时一样，学会寻求支持，学会安慰自己。而自卑这种情绪其实从某种程度上来说，应对起来要更简单，那就是理解它，理解我们究竟在什么地方遇到了困难，仅此而已。

心理韧性

自卑就一定要过糟糕的生活吗？不一定。相反，对很多人来说，自卑是追求卓越的一种动力。首先我必须要承认，自卑会影响我们的心情，影响我们生活的状态，但这只是关于自卑的一小部分。我们刚才讲到，理解自卑，就是要理解我们究竟在什么地方遇到了困难。那再回到我刚才提到的小学时光，和同学相比，我们家几乎没有任何一件像样的家用电器，是一个怎样的困难呢？用我现在的眼光来看，其实实在不是什么困难，但是小小年纪的我是无法理解到这个层次的。当时的感受是，别的同学可以足不出户就能吃到冰激凌，不夸张地说，我是惊呆的，那是一种好奢侈的生活。

但我在感受到自卑感之后，无意间做对了一件事情，我开始用模拟的方式来满足自己的需求。我不知道这个方法是从哪里学来的，大概是一个学龄期的儿童从过家家的游戏中学来的。我会在电视台要播放动画片的前半个小时，做好一切准备，来模拟足不出户享受生活的感觉。我先是把家里的烧饼切成蛋糕的三角形状，作为甜品，放在盘子里；然后跑到小卖部买一个冰激凌，并且跟老板要了两个冰块；最后把冰块放在一杯蜂蜜水里作为冷饮……一切就绪后，打开电视，开始享受眼前准备的美食。我当时想，这大概就是别的小朋友可以随时享受到的生活了吧，虽然对我来说有点儿复杂和麻烦，但好像通过这个过程至少能向小小的、自卑的自己证明一件事情，那就是再难的东西，也是可以自己创造的。

这个模拟的方法也伴随了我很多年，直到后来学习心理学了解到心理韧性这个概念，才意识到，原来我通过模拟方式获得的满足感，就是我心理韧性的来源。心理韧性是一个较新的心理学概念，目前学术界还没有完全统一的认识，比如有的地方叫复原力、弹力性等。但就目前的信息来看，可以从以下三个方面来理解它。

第一，结果性定义：心理韧性指的是面对严重威胁，个体的适应与发展仍然良好的现象。

第二，过程性定义：心理韧性指的是个体在危险环境中良好适应的动态过程，表现为个体在遭受重大压力和危险时能迅速恢复和成功应对的过程。

第三，品质性定义：心理韧性是个人的一种能力或品质，是个体所具有的特征，如心理韧性是个体能够承受高水平的破坏性变化并同时表现出尽可能少的不良行为的能力；心理韧性是个体从消极经历中恢复过来，并且灵活地适应外界多变环境的能力。

总的来说，我的理解是心理韧性是一种不会让负面经历改变自己人格的能力，也就是遇到灾难或者是重大创伤，我们会沉浸在难过、痛苦，甚至是自责、愧疚中，但我们并不会把自己的人格撕碎，然后交换出去或者赔偿出去。而且我认为，心理韧性是一种能力，是可以通过正确的方法，然后努力实践而获得或者提升的。我刚才提到的模拟方式就是一种适用范围非常广的方法，它其实就是我们在小学这个阶段才逐渐发展起来的游戏化、角色扮演式的思维方式和学习方式。人的想象力是非常丰富的，体验可能是比事实本身更重要的一种形态，比如小时候我无法拥有家里有冰箱的生活体验，但我模拟出来的场景，同样可以让我从主观层面上获得类似的体验。那么，有没有冰箱就变得没那么重要，可是那个体验的记忆变成了我私人经历的一部分，作用于我的大脑，帮助我建立了心理韧性的基础。

在互联网飞速发展的现代社会，我们逐渐从每天生活的现实世界分离出来一个网络上的虚拟世界，大量的游戏玩家在游戏中模拟某种体验，那种体验其实和我们在现实世界里经历的体验并无二致，甚至更加强烈。因为在游戏中，我们似乎更接近真实的自我，少了防御和束缚。比较遗憾的是，现在的游戏更多的是在追求暴力和声音、色彩刺激，但事实上游戏这种形式有很好的疗愈作用，我最近也在关注这个方面的发展和动态。那么我们自己是不是有一些简单的途径可以尝试这种方法呢？后面的方法工具箱给大家提供了一些尝试的思路，希望能够对大家的心理韧性有所帮助。

自尊再讨论：个性塑造

在上一章中，我们曾提到自尊的话题会再次出现，就是现在了。自卑的同时是否也可以拥有自尊呢？答案是肯定的。这和我们刚才聊到的心理韧性有很大的关系，心理韧性还有一个说法叫做心理弹力，我们如何把外界对我们的负面影响弹出去呢？靠的就是我们的自尊。那自卑和自尊之间是什么关系呢？答案是个性塑造。如果我们能正确地认识自卑并且很好地利用自卑，其实可以通过个性塑造的方式来建立自己的自尊。

大家可以把自卑想象成是一种“我到底在乎什么”的检测器，你有没有注意到究竟是哪些方面更容易触发你的自卑，哪些方面其实丝毫不会影响到你？或者你有没有注意到你自卑的方面并非关于你自己的全部？比如有些人在意外表，有些人在意能力，有些人在意幽默……如果别人的评价和反馈都会对我们产生比较大的影响，那为什么是某些方面更容易引起我们的重视和注意呢？这些你在意的地方，可能就和你自己的独特个性有关。比如曾经在小学的时候，和同学相比，家境虽然是会让我感到自卑的因素，但其实对我的困扰并没有多大；如今，即使在有了经济条件购买更多的东西来充盈我的生活的情况下，我对这些也没有太大的动力。但是当时的另外一个因素似乎对我来说有更深的意义和影响，那就是学习成绩。我明显感觉到这两个不同的因素带来的自卑感是有差异的，家境带来的自卑感是短暂的刺痛，很快就会过去，完全忘掉；但是如果偶尔考砸，给我带来的自卑感是持久的，甚至下一次的好成绩，也没有办法抹掉上一次考砸的成绩带来的情绪。

那么这种差异是不是说明这两个不同的因素和自我之间的关系有某种差异呢？这里面的差异似乎和我的人生观、价值观有关，我会认为学习成绩代表的价值是比家境代表的价值更吸引我，是更让我觉得人生值得活，也就是更有意义的存在。那么自卑这个探测器其实帮我探测出的是，对我来说，那个最牵动我的核心价值是什么。可是学习成绩代表的究竟是什么呢？这就需要我们在探测之后进行进一步的思考，具体的方法可以参见后面的方法工具箱。

先分享一下我的探索路径，学习成绩代表什么呢？我的脑海中自由联想出一些词汇，比如工具、能力、自由、话语权、改变、好奇、独立……这个联想的过程完全是一个人最私密的最无需解释的一个过程，只要是你脑海中联想到的，那么就一定和你自己有某种关联。在这些我联想出来的词汇中，最突出的3个词汇是什么呢？似乎自由、改变和好奇这三个词汇从所有的词汇中亮了起来，我自己将学习成绩和这些概念联系在一起，其实是把这些愿望寄托了在了学习这件事情上。如果当时有别的选择，也许还会寄托在别的事情上。

这种寄托塑造了我的个性，我并非现在大家所说的那种学霸，但一直保持学习状态对我来说很重要，我需要工具来认识这个让我好奇的世界，我也需要工具来改变我认为应该改变的地方。当这样去理解自己的自卑时，我发现自卑其实就是我们跟自己传递的一种信号，而且是比其他任何方式都更精准的信号。一件事情简单地让你开心或是难过，也许是一时的，但一旦你产生自卑的感受，它一定是戳中了你内心最重要的地方，那里有关于你是一个怎样的人，你想成为一个怎样的人的答案。

我们有一个常见的误区是，总是想摆脱突然降临到自己身上的某种糟糕的感受，但是却忽略了我们的大脑给我们传递某个重要信号的良苦用心。我们常常问自己是谁，人生很迷茫，但同时又在努力摆脱这些重要信号，那自然很难找到答案了。仔细看看自己身上的自卑，有人把这个过程叫作面对，或是接纳，但我觉得它其实就是一个沟通和对话，不是强迫大家不要害怕这个过程，而是当我们真的理解自卑是什么，我们其实根本没有理由害怕。一个历尽千辛万苦才好不容易传递给你的，关于你是谁和你想要什么的信号，我们怎么会害怕呢？在那个时刻，我们一定是欣喜的、欢迎的和尘埃落定的。

方法工具箱：自卑之花

我很喜欢在知乎上曾经有人发起过的一个提问：“你们什么时候体验过心上开出一朵花的感觉？”这是今天这个方法的名字的灵感来源，自卑是我们内心深处的感受，它黑暗、痛苦，但那才是真正能够开出花朵，并且能够长久开下去的地方。不要试图把自卑连根拔起，否则我们就真的只剩下一副躯壳。

第一步：探测。

请大家按要求填写表4-6来完成探测过程。

表4-6　探测自卑

列出所有让你感到自卑的地方	自卑程度打分

第一，列出所有让你感到自卑的地方——探测那些对你来说很重要，但还缺失的东西。

第二，给自卑程度打分，满分5分——自卑感越强，分数越高。

第二步：浇灌。

选出在第一步中打分最高的那一项，然后按照下列要求完成浇灌的过程。

第一，每个让你感到自卑的地方，一定会让你产生一些联想，注意这里一定是要中性或者积极的词汇，不能是负面的词汇。如果想到负面的词汇，就要用它的反义词来填写。比如你想到的词汇是“绝望”，那么就要填写反义词“希望”。联想的词汇要至少写五个。

第二，从这些联想到的词汇里，挑选出最突出的三个词汇，然后试着从中拼凑出你的价值感、意义感或者人生观等可以说明或者解释你自己的完整语言。这一步可以参考“自尊再讨论：个性塑造”中的内容。

学习成绩代表什么呢？我的脑海中自由联想出一些词汇，比如工具、能力、自由、话语权、改变、好奇、独立……似乎自由、改变和好奇这三个词汇从所有的词汇中亮了起来，我自己将学习成绩和这些概念联系在一起，我想是把这些愿望寄托在了学习这件事情上……一直保持学习状态对我来说很重要，我需要工具来认识这个我好奇的世界，我也需要工具来改变我认为应该改变的地方……

第三步：模拟。

模拟这个过程需要一点点的创造力，它需要你能够在现在的生活中，在有限的条件下，去模拟一些场景，能够让你在其中重新体验到自卑感中缺失的需求重新被满足的过程。需要注意的是，模拟的范围越小越好，越能掌控越好，我们的目的是重新经历某种体验，事实本身并不是最重要的。

给大家举个例子。我自己是一个很喜欢写字的人，所以语言表达能力会有些薄弱，总觉得没有办法按照自己期待中的那种感觉说出自己全部的想法。有一段时间，我交了一个朋友，她特别健谈，我很想跟她聊得更尽兴一些，我就会在平时用录视频的方式来锻炼我自己的表达能力。我们两个都喜欢看电影，那天我正好看了一个很棒的电影，然后我就用录视频的方式来模拟和她聊这个电影的过程，就是很短的一个对话。我会重复录制到我自己觉得接近我想要的那种感觉为止，这种感觉会跟随我进入真实的生活，我好像真的在我的脑子里存入了我可以自由表达自己想法的记忆，感觉在之后跟别人聊天时可以很自然地表达出来。这种刻意练习的方法大概坚持了半年的时间，然后我就不再需要模拟这样的场景，已经可以像我那位健谈的朋友一样表达自己了。后

来录视频的这个方式也成为了我开始用视频的方式做心理科普的一个起点，直到今天。

这个世界上有很多事情在等待并且期待着我们去完成，也许我们卡在了某一个层次的自我上，无法再继续往前走。但多维度的自我不是某些人的特权，是我们每个人都有的人格层次，我们永远都不会只有一种方式面对生活，也许阻止你前进的那个最难的坎儿，里面藏着关于如何破解难题的答案，请一定不要放弃寻找。

拥有完整人格（12 ～ 18岁）

在危机、孤独和叛逆的夹缝中，守护自己

在精神的或伦理的态度上可以看清一个人的性格，在这种态度中，他有时会最深刻、最强烈地感到活力和充满生机。在这个时刻，仿佛有一个声音在内心呼唤：“这就是真正的我！”

——威廉·詹姆士《威廉·詹姆士信件》

本书即将进入终章，我们将迎来一次人生的大爆发——青春期，所有潜藏在我们身上的闪光点，或是曾经遗留在我们身上的坑洞，都会在这个阶段被放大。爆发之后，我们会进入一段较长的过渡发展期，“自我”会发生剧烈的重组，这种重组会促使我们从多方面的不成熟走向完全的社会化。但是在这个过程中可能会发生各种困难或意外，重组并不是一帆风顺的，一般可能会有四种重组的结果，分别是同一性早闭——逃避、同一性延缓——叛逆、同一性扩散——迷茫和同一性获得——个性。当然，每个人都可能是不同重组类型在不同比例下的结合体，所以，了解每一个类型能够帮助我们更完整地理解自己经历过的内心风浪。如何在危机、孤独和叛逆的夹缝中守护好自己？这是终章要深入讨论的重要问题。

第一节　自我统一，修补过去

历史遗留的漏洞

儿童期在11岁左右就结束了，儿童期的终结意味着充满危机的青春期的开始。很多人可能认为11岁还是孩子，但事实上，这个阶段的身体和心理上各个方面的变化都在提醒我们，成人的世界慢慢逼近了。我们感受到有一种要开始把自己整合起来的必要性，我们开始意识到，在儿童期已经变成什么人和接下来想要成为什么人之间，有了巨大的区别。这种差异性让我们的自我整合变得困难，困难来自于两方面，一方面是自然的变化过程，我们的本能对于任何变化都是警惕的和需要适应的，另一方面是之前的成长经历中的若干阶段中有遗留的问题还未解决，所以造成整合过程不顺利。如何定位这些问题并找到方法补给历史缺失，是这一节的重点。

自我大爆炸

首先，我们来回顾一下前四章分别代表的阶段和核心内容。在表5–1中，我为大家做了一个简单的总结。

在我们进入青春期的时候（大概是进入初中的阶段），我们会开始思考自己是谁，在所处的环境中是什么角色和位置，那么我们就一定会参考之前我们是怎样的人。最严重的情况是，之前的四个阶段需要完成的任务、获得的心理素质可能都是缺乏的。比如我们刚进入初中的新环境时，可能是缺乏安全感、没有主见、感受不到价值、不知道自己擅长做什么事情的，那么当“自己是谁”这个问题开始进入脑海时，我们会突然混乱起来，完全没有头绪，在新环境的刺激下，就会变得不安、恐惧和焦虑。

为什么明明这些问题之前就存在，但处于小学阶段时，好像没有发生那么多问题呢？这正是因为我们小学时还处在不太倾向于整合思考的年纪，所以我们也许在某件事情上感受到一些情绪，但不太会把这些事情和自己的人格联想在一起，甚至我们都没有“人格”这个概念。所以，虽然我们也许曾隐隐约约感受到自己对一些事情、一些人或一些情况有不太舒服的感受，但由于无法明确定义，所以刚才提到的那些问题即使可能很早就存在了，但却没有明显地、强烈地表现出来。

表5-1 成长阶段汇总

成长阶段（年龄段）	要完成的任务
婴儿期（1岁之前）	建立基本信任
幼儿期（1～3岁）	克服羞耻感，获得主见
儿童期（4～5岁）	克服内疚感，获得价值感
学龄期（6～11岁）	克服自卑感，获得胜任感
青春期（12～18岁）	克服角色混乱，整合同一性

我出现不适应的时间相对较晚，但是我清楚地记得那个画面。当时是初二刚结束，学校突然要做一个快慢分班，把成绩好的学生单独分出来，组成两个新的班级。被从原班级分出去的我，本来应该很高兴，因为这是一种认可、一种荣誉，但我却突然变得焦虑和不安，甚至向老师申请是否可以不换班，继续留在原班级进行初三的学习，却遭到了拒绝。第一天去到新班级时，班主任召开了班会，选了几个班干部，组织了一些活动。看着那些光鲜亮丽的班干部在讲台上闪闪发光的样子，我突然发现，除了学习，自己没有任何其他能展示的地方。最令我印象深刻的是，在我的脑海里，我把班干部定义为“闪闪发光的人”，但再回到我自己身上，我竟找不到任何词汇来描述和形容自己。在原来的班级，我是“学习成绩好的人”，但在新班级，所有人成绩都好，因此这实在算不上什么亮点。我曾经依赖的光芒突然消失了，而我又发出了“自己是谁”的疑问，却得不到答案，于是，我的自我整合从那个时刻起就暂停了。

按照上面的表格，究竟是之前哪个阶段出现了问题呢？可以确定的是，肯定不是简单地因为分班或是新班级开班会、组织活动，我的问题才凭空出现，那些事件都只是导火索，真正的问题其实在更早之前就已经潜伏在我的身体和记忆里，只是后来遇到一些触点才爆发出来。

思维的不成熟性

也许，当我们的思绪回到初中时期，就能想到一些自己不适应的片段或画面，与此同时，也应该对那个时候自己的思维成熟度有点儿印象。我们可能意识到有一些地方不太对劲儿，但自己也很难梳理出一个非常清晰的思路，来解释自己究竟为什么会有这样的变化。这非常正常和合理。青春期阶段，我们可能已经期待自己可以像大人一样拿主意或者安排自己的生活了，很多事情也不愿意跟家长分享和讨论，或者家庭也并没有提供这样的机会，但是我们的大脑离发育完全还有很长一段距离。在这个阶段，我们有敏感地感知自己情绪的能力，但怎么处理这些情绪，对很多没有相关的家庭教育或者学校教育的人来说，是异常困难的。

在青春期，我们的思维不成熟具体有哪些表现呢？心理学家大卫·艾尔金德总结出了六个特点，大家可以回忆看看自己在青春期的经历符合其中的哪些特点。

第一，理想主义和批判性。由于我们刚从幻想世界切换到现实世界，发现这二者之间有巨大的差别，而且自己还要承担很多责任，就很容易在现实状况与理想世界相悖时，进入一种批判状态，比如看父母的很多做法都不顺眼，认为他们是错的，甚至常常用激烈的言语反抗父母的教育。一方面，这样似乎给了自己一种离幻想世界更近的错觉；另一方面，也能够逃避突如其来的很多责任。比如我初中时就读于一所寄宿学校，学校要求所有女生不能留超过耳朵的长发，一律要剪短，因此女生们就经常聚在一起，批判学校的专制。

第二，爱争论。总觉得自己是对的，别人是错的，所以一旦遇到争议话题，就会争论个没完，一定要自己胜出才行。

第三，优柔寡断。青春期时，我们大脑中可能会同时产生很多想法和选择，但是又不具备理智作出选择和决定的策略和能力，就特别容易举棋不定、优柔寡断。比如自己写作业的时候，朋友叫自己打游戏，作业写不完会挨骂，但游戏很诱人，自己又想玩，很有可能最后是一边打游戏，一边惦记着作业，导致游戏玩不好，作业也没写完。

第四，言行不一。我们爱说大话，但又很难将其实现，甚至都意识不到自己的行为和言语之间是不一致的。比如我上高中时，和旁边的同学组成了环保联盟，坚决不用一次性筷子，一起发誓的时候满是豪言壮语，但还是会常常使用一次性筷子。

第五，假想观众。为什么我们在青春期会格外敏感呢？因为我们的脑海里总是有自己创造出来的、跟自己过不去的假想观众。所谓假想观众，是指自己认为人群中总是有人跟自己的思维方式是一样的，而这部分人无时无刻不在关注自己的一举一动。比如我高中时，有一次考砸了，第二天就不想去上课，觉得同学们一定会嘲笑我，结果等我第三天去了学校，除了几个要好的同学问我昨天干吗去了之外，其他人根本没有注意到我上没上课。

第六，个人神话。这大概是从青少年时期到长大后，一直伴随着我们的不成熟的思维方式。个人神话是指那些认为“自己是特别的”“自己的经历是独特的”“规则是用来约束除自己之外的其他人的”等想法。常见的有出现在感情中的类似想法，比如“没有人像我一样爱我的前任”“我出轨的对象和原因跟其他人不一样”等。

大家曾有过哪些特点呢？首先要说明的是，这些不成熟的思维并不是错误，而是我们在这个阶段会经历的特点，在没有被特别教育的情况下，谁都会有，无一例外，因为这是我们大脑还没有发育完全的表现。这些不成熟的思维会让我们对自己的缺失更加敏感，但同时又让我们不具备成熟解决这些问题的能力。其次，如果这些特点现在还存在，则说明我们的心理成长有一部分还停留在青春期，有一些问题还没有得到妥善的处理和解决。所以，当我们说一个成年人不太成熟，还有些幼稚，那么这个人的行为和想法大概率符合上面列举的这些特点。

最后，希望大家能够通过这部分的内容多理解自己一点儿。在曾经的成长过程中，如果你认为自己有哪些地方没有做好，犯过什么错误，能够像这样反思当然是好的，但是不要过度否定自己和自我苛责。当我们的大脑还处在发育阶段时，我们并非在意愿层面不想做得更好，只是我们客观上的能力上是受限的，甚至不是自己能够完全掌控的。我一直以来有一个非常坚定的信念，那就是不管过去发生了多么糟糕的事情，我们一定都在自我的能力范围内尽力了，而这个标准不是别人可以评价和定义的，只有亲身经历过的你自己才可以定义。

发展的过渡期：缝缝补补

成长究竟是什么？在这里，我们需要通过两个概念来理解。第一个概念是“渐成性原则”，是指任何需要生长的生物都有一个基本方案，这个生物的每个部分都从这个方案中产生，每个部分在某一阶段都有其特殊的优势，直到所有的部分都发育完毕，直到进而形成一个有功能的整体为止。我们从小长大的过程，都能通过肉眼感受到身体在发生这样的变化，其实我们的心理成长也经历了这样的过程。从婴儿期缺乏信任，到长出信任；从幼儿期缺乏主见，到长出主见；从儿童期缺乏价值，到长出价值；从学龄期缺乏自信，到长出自信……我们在这一系列的冲突体验以及克服冲突的过程中，逐渐构建出一个清晰的健康的人格。

“健康的人格”就是我们要了解的第二个概念，关于这个概念有不同的见解，这里引用心理学家玛丽·耶和达的定义。她认为，具有健康人格的人能够主动支配自己的环境，表现出某种人格的统一性，并能正确地感知世界和自己。这里面有两个要点：一是我们的自我和环境之间，可以是一种主动的关系，而非被动的关系；二是我们在感知这个世界的时候，是相对客观和稳定的。

综上来看，我想对“成长”用通俗的方式下一个定义，那就是成长是一个会不可避免地遇到冲突，而我们会尝试用各种方式去解决冲突，但难免会遗漏冲突，而最终我们会修补冲突，并形成一套自己的稳定的认识自己和世界的规则的过程。如果我们认可“终身成长”这个理念，其实我们的成长是应该以实现最终目标为人生意义的，因为我们每一天都在成长，终身成长应该是我们的一种态度或者信念，但很多人把成长的结果当成了唯一的意义，比如对于焦虑、抑郁等负面情绪，认为只有消除了它们，才能好好生活，但反而因此陷入了更大的痛苦中。

在对的时间做对的事，这听起来是最完美的一种设想，但即便是一个儿童心理专家在陪伴自己的孩子成长时，也会犯错误，也会遇到毫无头绪的挑战，所以在青春期这个发展过渡期，我们一定会不可避免地要去处理过去的几个阶段遗留下来的问题。我会把这个过程想象成是一个缝缝补补的过程，只要知道问题出在哪里，有针对性地去理解和解决就可以了，而不是要把自己认为糟糕的自我全部丢掉，彻底否定自己。

那么每个阶段可能需要分别做哪些缝补呢？我在表5–2中给大家进行了汇总（这些内容在前四章的内容中都出现过，如果对其中哪个部分更感兴趣，大家可以回到之前的相应章节有针对性地进行回顾）。

看完表格之后，首先我想提醒大家，不要被需要缝补的地方吓到，健康的人格并非等于完美的人格，即使我们有这样或那样的缺点，也可以同时有健康的人格。只有那些真正严重阻碍你的特质，才是真的需要花额外的力气去关注和解决的部分。当不知道自己身上到底出了什么问题时，这个表格可以给大家提供一个清晰的参考。其实，在我看来，这个问题清单也在向我们传递着另一个很重要的信息，那就是心理层面的问题再多，我们现在看到的就是全部了。我们在生活中存在的各种问题，几乎都可以从这个表格中找到更本质的来源，而真正解决问题的方式就是去理解来源，然后学会和这个困扰你的来源相处。具体的方式可以参考下面的方法工具箱，做好了修补完成的准备，我们才能继续迎接之后的挑战，用完整的自我来体验接下来的生活。

表5-2　阶段任务和未完成的结果

成长阶段（年龄段）	要完成的任务	可能需缝补的地方
婴儿期（1岁之前）	建立基本信任	存在感缺失；分裂感过强；安全感过低；基本信任感不稳定
幼儿期（1～3岁）	克服羞耻感，获得主见	对任何人、事、物的好奇心或探索欲都极低；总是有无法排解的羞耻感；容易自我怀疑；没有坚定的主见
儿童期（4～5岁）	克服内疚感，获得价值感	自尊不稳定或太极端，忽高忽低或过高过低；总是有无法排解的内疚感；责任感过强或过低；价值感严重不足
学龄期（6～11岁）	克服自卑感，获得胜任感	自我的维度单一且僵硬；做事动力过高或过低；胜任感严重不足；自卑感影响了自我实现

方法工具箱：缝纫机

“缝纫机”，顾名思义，就是把我们之前内心的缺失缝补起来，但这并不是一个小工程。在刚才的表格中，每个心理问题的恢复周期的最小单位是三个月，所以如果决定要改变，至少需要在时间期待上做好相应的准备。

特别说明：本章的方法和前几章会有一个不一样的细节，那就是会分成青少年和成人两个版本，原因是读者可能有正处在青少年时期的，也有已经进入成人阶段的，但是处在不同阶段的读者使用的方法并不是完全一致的，所以在这里进行特别强调和说明。由于青少年和成人在发展程度上有所区别，所以在应对策略上，有不同的方式和注意事项。

第一步：初步评估，见表5-3。

表5-3　初步评估

需要缝补的目标（从上文的表格中获取）	缺失程度打分（满分5分，代表极度缺失、几乎没有）
1.	
2.	
3.	
……	

按照下面的说明分别跳至第二步或第三步：

1.跳至第二步的情况：如果你需要缝补的目标小于或等于三个，且缺失程度打分都不超过3分。

2.跳至第三步的情况：如果你需要缝补的目标超过三个，或者虽然未超过三个，但缺失程度打分一栏中有至少一个目标的打分大于或等于4分。

第二步：缝补计划。

对于每个缝补目标，在之前章节的方法工具箱中已经提供了相应的方法，我总结在表5-4中，方便大家查询。

表5-4　方法工具箱汇总

所处阶段	缝补目标	方法工具箱
婴儿期（1岁之前）	提升存在感	出生证明、访谈提问
	减少分裂感	分离时刻、断奶访谈、融合练习
	提升安全感	安全感自检手册
	提升信任感	信任拼图
幼儿期（1～3岁）	提升探索欲	舒适圈的边界
	缓解羞耻感	日光浴
	减少自我怀疑	怀疑你的怀疑
	建立主见	回到过去

续表

所处阶段	缝补目标	方法工具箱
童年期（4～5岁）	建立稳定的自尊	自尊策略大洗牌
	缓解愧疚感	剥洋葱
	提升责任感	不愿意还是没能力
	提升价值感	重塑价值感
学龄期（6～11岁）	建立多维度的自我	去掉人设
	获得勤奋能力（摆脱拖延症）	活力重组
	获得胜任感	归因模式大换血
	学会和自卑感相处	自卑之花

大家可以根据这个工具箱的总结，按照下面的原则制定适合自己的缝补计划。

1.从你在第一步列出的目标中，选择一个你最关心的缝补目标，然后以三个月为一个周期，坚持使用这个目标所对应的方法，直到这个目标的缺失程度比之前降低至少1分，那么这个周期就成功了。

2.第二个周期中，你可以选择你在第一步中列出的下一个目标，也可以选择你之前的目标继续缝补，直到缺失程度的分数降低到你的理想程度。

3.这个自我成长的计划可以不用设立最终的目标，因为自我成长是伴随我们一生的事，掌握了这些方法带给你的基本逻辑之后，你可以设置更加适合自己的个性化的方法。

第三步：心理咨询。

当符合需要求助心理咨询的标准时，一定要在自己力所能及的范围内进行及时的求助，因为越早用咨询的方式对自己的问题进行干预，恢复的效率越高，同样的问题再次复发的可能性越低。

青少年版本：如果未满18岁，心理咨询是一定要得到父母的签字同意的，如果父母支持自己去寻求心理咨询的帮助，甚至和自己一起进行家庭咨询，这是最优的方案；如果父母不支持，那么可以去了解一下自己所在的学校是否有相关的咨询资源，然后等到自己18岁后再去选择求助的方式。

成人版本：在经济能够承受的范围内，找到适合自己的咨询师，进行相对长期和稳定的咨询帮助，也许初期需要多尝试几位咨询师才能感受到谁是适合自己的。一旦决定开始咨询，就一定不要期待咨询师有什么神奇的魔法，用一句话的点拨就能解决问题，而要做好把心理咨询作为自己的一个日常元素去看待，一步步地拆开自己的问题，然后一点点化解掉。这样的效果才是彻底的、根本的、长久的。

第二节 情窦初开，危机四伏

爱，确实让人完整

无论修补是否完成，同一性的发展都会悄然开始，而这个过程一定都是通过亲密关系实现的，这里提到的亲密关系是广义的，不只是爱情，还有友谊、性和任何能够让人产生共情的感受。不过，这其中最有挑战性和冲击性的，还是懵懂的感情或性体验所带来的。在接下来的内容中，我们将用狭义的“亲密关系”来专指爱情关系，这其中不只包括两情相悦的恋爱关系，也包括暗恋或单恋，因为它们都是由我们不可抵抗、不可逆转的身体上的性征变化所带来的。对亲密关系需求的产生是必然的，但是能否满足或者顺利发展却是一个非常复杂的过程。如果前四个阶段的修复没有完成，那么问题就会在亲密关系中暴露无遗，而且在这个阶段形成的恋爱模式，会习惯性地跟随到我们进入成人阶段。接下来，就让我们回到初恋时代，查找感情模式的秘密。

我动心了

青春期的开始是以荷尔蒙突增这一变化为起点。这个过程分为两个阶段，一是肾上腺功能成熟，接着是几年后性腺功能成熟。研究发现，青春期的男孩和女孩回忆起他们最早的性吸引都是在青春期发生的。所以，其实我们青春懵懂的关乎爱情的动心，本质上并没有太多浪漫的色彩，只是我们身体的变化带来的自然反应。这个阶段的身体变化可谓是天翻地覆，也难怪能够让我们的情绪和状态经历过山车般的体验。那么，究竟有哪些身体变化呢？

不知道大家是否能从表5–5和表5–6中感受到一个青少年在青春期所处的压力？由于我们的性教育普及广度和深度都严重不足，所以在毫无预兆的情况下，当这些变化层出不穷地发生在自己身上时，我们会感到惶恐和不安。现在回忆起来，当我处于这个阶段时，似乎没有任何一个令我感到安全的地方可以去求助和讨论这些变化。有的家庭的父母教育理念比较超前，我记得当时我的同桌是一个男生，他不仅了解很多男性的生理知识，也了解很多女性的生理知识，这些都是他在家庭教育中学习到的。我当时认为这样的教育理念非常酷，但旁边的同学听到之后，往往摆出一副不可思议的、嘲笑的样子，这也是科普意识还不够到位的一种表现，即使到现在，这个问题似乎在一定程度上依然存在。

在身体变化巨大的情况下，性吸引力因此产生，我们在本能的驱使下会去关注能够让自己产生性吸引力的同伴。我们常常形容“动心”有“小鹿乱撞”的感觉，那其实是我们的肾上腺素在起作用，让我们紧张或兴奋，产生心跳加速的感觉。大家可以回忆一下自己第一次心动的感觉，是不是发生在青春期呢？当时心动的女孩是什么地方吸引到了自己？是简单的性吸引，还是有更深层次、更复杂的理由？这些问题能够帮助大家探索自己的恋爱

表5-5　女性性征发展

女性特征	首次出现的年龄
乳房发育	6～13岁
阴毛生长	6～14岁
身体发育	9.5～14.5岁
月经初潮	10～16.5岁
出现腋毛	阴毛出现后大约2年
油脂和汗腺分泌增多（可能导致痤疮）	几乎和腋毛同时出现

表5-6　男性性征发展

男性特征	首次出现的年龄
睾丸和阴囊发育	9～13.5岁
阴毛生长	12～16岁
身体发育	10.5～16岁
阴茎、前列腺和精囊发育	11～14.5岁
变声	几乎和阴茎同时发育
首次射精	阴茎开始发育约一年后
出现面部毛发和腋毛	阴毛出现约两年后
油脂和汗腺分泌增多（可能导致痤疮）	几乎和腋毛同时出现

模式最初是什么样子的，而后面的故事都是从这个起点开始的。

在电影《怦然心动》中，就有关于“初恋的心动”这一话题的很好的描述和阐释：女孩对男孩的动心始于性吸引，比如漂亮的外表和好闻的头发香味，这时女孩对男孩的性格可以说是一无所知；后来，经过一系列的相处之后，女孩发现男孩的性格有些令自己难以忍受，通过和爸爸的聊天，女孩意识到，只靠男孩那些曾经吸引自己的地方，于爱情而言是远远不够的，于是她收回了自己的迷恋。直到后来，男孩也意识到自己的问题，调整改变后才重新和女孩在一起。

这其实是一个非常好的爱情启蒙教育片，我们从小接触的很多爱情童话故事、偶像剧或武侠剧，都忽略了爱情中除了性吸引的元素之外，还有很多其他重要的因素，如一个人的品行、道德感、责任等。所以很多青少年会很容易被这种题材的作品影响，认为爱情就是靠感觉、直觉或者幻想组建起来的一种体验。而当真正遇到现实问题时，却完全不知道该如何处理，因为这些知识和能力是影视作品中没有提供的，也是学校的课本中不会教授的，但却是我们最需要的。可以说，动心就是青春期危机的开始。

孤独感

亲密的对立面是远离，是一种蓄意的抛弃和孤立，如果有必要，就会去摧毁感觉对自己有危险的人和事。这种摧毁未必是完全一个人生活，再也不和任何人发生联系，而是即使身处一段关系中也依然存在的一种孤独感。孤独是一个深邃的词汇，有三种类型，分别是人际孤独、心理孤独和存在孤独。而无论哪种孤独，其根本来源都是无法确定自己是谁，也无法感觉到真正的自己。

人际孤独就是我们最容易感受到的“寂寞”，比如身边没有亲密的人陪伴，缺乏适当的社交技巧，或是在人际交往中总是遇到严重的冲突感受，这些都会使我们感受到人际孤独。也许自己一个人独处时还挺舒服，但一旦进入人群，就会找不到方向，变得焦虑和不安，所以人际孤独主要是指在关系中体验到的孤独。

我常常在人数众多的聚会中感受到这种孤独感，我能明显感觉到当下的大团体被迅速分裂成了几个小团体，大家各自聊天。那一瞬间，我觉得这个聚会的意义消失了。我的旁边坐满了人，但我全程只能和坐在我右边的人进行深入交流，有些人我甚至没有和对方有过任何眼神交流。想到这里，孤独感随之而来。但我注意到现场有非常具备社交技巧的朋友，可以每隔一段时间就变更自己所处的小团体，最终能够和每一个人都进行较为深入的交流，我相信他大概没有感受到像我一样的人际孤独。

但我想，即使也只是像我一样只和聚会中的少数人深聊的人，也未必会体会到孤独感，因为他们可能很清楚自己是谁，所以很满足于只和少数人进行深入沟通。而我似乎还没有那么确定，这种不确定也是从青春期就开始感受到的一种状态，这也是我至今还未完全实现整合和同一性的部分。我有时很健谈，有时很沉默，似乎也没有固定的规则，在这种不稳定的状态中，人际孤独是我常常能感受到的一种体验。

心理孤独是指人把自己的内心分成几个部分的过程，即使没有处在人群中或者一段关系中也能体验到的孤独感。比如遇到了一些不开心的事情，或者产生了一些不愉快的体验，心理孤独的人会迅速隔离情绪，不让自己去了解这个情绪的来龙去脉，也不想让自己花费额外的时间和精力来照顾和处理这种情绪。这其实是很多人采用的一种自我保护的防御策略，可能是因为早期面对情绪时，有过自己难以承受的不愉快的体验，或是在家庭中学习和模仿了父母处理情绪的方式，所以会倾向于用压抑的方式来对待自己的情绪。

但情绪是一个能帮助我们作出判断和决策的很有价值的线索，因为并非所有的事情都是可以用理性来处理的，所以如果这种心理孤独的程度较高，那么我们会越来越不相信自己的判断，不敢表露自己的判断，我们的潜力就会被埋没，自己和外界之间就竖起了一道密不透风的城墙。继续发展下去，这道墙不仅隔绝了我们和外界的沟通，也阻隔了我们和自己的沟通。最初我们可能只是感觉到情绪，然后压抑了下来，但后来可能连感受情绪的能力也逐渐消失了。这样一来，在我们的自我中就会缺失一个很重要的负责感知的部分，整个人的生活会变得单一而僵硬起来。

我常常在男性来访者中观察到心理孤独的存在，在要求男性刚强的社会主流价值观的压力之下，很多男性被迫学会了用压抑情绪的方式来处理情绪，逐渐把自己置于一种心理孤独的状态中，并且一度认为这样是最安全的。但随着要面对的挑战和压力越来越大，尤其是面对感情，只有理智是无法帮助一段亲密关系长久建立的，所以会遇到危机和困难，于是无奈地通过心理咨询寻求帮助。但做心理咨询就是要释放压抑的情绪，去表达和暴露，这对很多男性来说，是异常困难的，相比于女性来访者，他们往往很容易在咨询中逃跑，回到自己本来觉得安全的心理孤独中。但这样一来，由心理孤独带来的问题也一并被搁置了。

我还注意到一种发生在女性身上的矛盾心理，似乎也在无意中加重了男性的心理孤独，那就是很多女性似乎对男性有这样一种组合要求，既要非常阳刚、有男子气概，同时也要特别懂自己的心思，哪怕自己不说，对方也要能够猜到。这其实几乎是一个不可能完成的任务，因为我们对“有男子气概”的定义似乎就排除了“自由表达自己的情绪”这一部分，一方面既希望男性不要表现出自己的脆弱，另一方面又希望他们能感受到自己的情绪发生的任何微妙变化。要知道，后者的能力需要“不那么有男子气概”才能做到。如果一个人在习惯性地压抑自己的情绪的情况下，还能够敏感地感知到别人的情绪，这无疑像是在要求一个母语是中文的人，在完全没有学习过外语的情况下，就会说一门外语。

但这个社会对于男女性别的区别对待意识是一个长久以来的问题，需要大家共同的、持续的努力才能真正消除。如果我们都能更多地用“人”的眼光来看待男性或女性，每个性别的优势和潜力都能更加有爆发力地发挥出来，而不是各自陷在“男性就该如此”或“女性就该如此”的框架里，无法摆脱。

除了刚才提到的人际孤独和心理孤独，我们还需要了解一种孤独——存在孤独。存在孤独是指，即使在完满的人际关系中或高度自我整合的状态下，也依然会体验到的一种孤独。这种孤独是一种终极的、在任何生物之间都存在的、无法跨越的鸿沟，也就是我们常说的“没有完完全全的感同身受”“没有一个人可以真正感受到另一个人在某个经历中所体验到的感受”。这也是为什么我们常常会在青少年时期开始向外界索求那个终极问题——“我，究竟是谁”——的答案。

如果有亲密关系的陪伴，有志同道合的朋友，自己在独处时是舒适自洽的，那么至少我们能够在人际孤独和心理孤独中幸存下来，而存在孤独可能就是一个我们在接下来的人生中要一直去探索的目标。

假性亲密

我觉得人类有一个比动物“厉害”的地方是，我们有自我欺骗的本能。“厉害”在这里是个悖论，一方面这种自我欺骗的本能可以从心理上保护自己；另一方面，它也容易让我们陷入一种错误的模式，反过来伤害自己。

前面提到的那么多种类型的孤独感，如果一下子全部涌来，想必很难承受，所以我们不会就这样彻底崩溃或者放弃自己，而是会迅速找到一些假性亲密关系来避难。假性亲密关系的概念目前在心理学上还不是那么成熟，我们可以通过一些事例来理解它。

事例一：如果……就好了。很多人在感情中是依赖一种幻想来维持关系的，所以当所处的感情有一些难以忍受的问题时，常常会用这样的方式来劝慰自己，比如“如果结束异地恋就好了”“如果结婚了就好了”“如果有了孩子就好了”……因为无法忍受关系结束带来的孤独感，所以就在脑海中编织了一个关于未来的想象，企图合理化当下的关系存在的必要性和重要性。

事例二：这就是我要找的人，所以对方怎么样都可以。如果对于恋爱的幻想在恋爱之前就已经产生，那么当一个外形上或感觉上符合之前既定幻想的人出现时，就会马上套进自己的故事，然后试图把接下来相处过程中出现的细节都以这个故事为蓝本进行理解，甚至会一次次地原谅对方犯下的挑战你底线的错误。

事例三：有，总比没有好。因为忍受不了一个人的孤独，所以对另一个人究竟是怎么想的不那么重要，只要有一个人在身边就好。至于对方的需求，自己是疏于在意和关心的，且内心不会产生太多的内疚感和亏欠感。

我相信大家应该还可以想到很多这样的关系类型来理解假性亲密关系，因为一个“假”字就已经勾起了很多回忆或想象。总结来说，我想试着给“假性亲密关系”下一个通俗易懂的定义，那就是假性亲密关系是一种不以感受到自己的存在，以及感受到对方的存在为前提，而是基于某种历史的心理缺失开展的，一段以自我保护为目的的关系。这种关系并非一个人主动愿意走进的，很多时候其实是被动的，甚至带有强迫性质进入的，到这种程度的假性亲密关系，说明历史的心理缺失已经严重到自己无法控制的程度，甚至自己都没有意识到这其中的因果逻辑关系。

但是假性亲密关系就一定要改吗？答案是否定的。我们是否要做任何改变，还是参考我们一直以来的原则，如果你认为困扰了你的生活，严重影响了你对自己的人生期待，那么你自己可以决定是否改变。而且任何关系中，完全实现双方都坦诚地认识自己又认识对方的完美状态，也是不可能的。我们在人际关系中都会有一定的自我保护和防御，如果真的让自己的意识用“裸奔”的方式在人际关系中出现，才是不太合理的现象。比如有些人交浅言深，就会让人有不适感，就是在人际关系的相处中，没有考虑不同情况下的人际距离是不同的。

那么除了恋爱的关系，其他关系是否也存在假性关系呢？答案是肯定的。所有基于感情建立的关系，都可能存在假性关系，比如友谊。有很多友谊的性质，其实是工具性质的，比如我在之前的内容中提到的朋友就是用来陪着上厕所的那个例子，就是一种假性友谊关系。一个真朋友离开了，我们痛苦的是这个人本身，但是假性友谊结束了，我们也会痛苦，但是痛苦的可能跟对方这个人没关系，而是自己又要开始孤独了。所以假性关系中还有一个比较突出的特点是，处在关系中的人的自恋水平比较高。在心理学上的自恋在之前的内容里有提到过，代表的是自己在思考问题时，对象只有自己，比如自己是否快乐、自己有什么需求、自己是否难过，等等。但是对于处在关系中的另外一个人，可能完全是没有考虑的，甚至是把对方作为满足自己某种需求的工具。

希望大家通过这部分内容能够对假性关系有一定的敏感性和警惕性，因为它会让我们在无数令自己不满意的关系更换中，一直重复一样的错误。

方法工具箱：亲密模式之钥

亲密关系，不管是在青春期的懵懂时，还是经历过恋爱的成人时，都可能是充满危机的，在这里我就来给大家分享一个化解危机的万能钥匙。

第一步：历史信息收集。

请大家根据自己过去的感情经历，把相关信息填入表5–7。如果恋爱次数不多，甚至从来没有进入过一段恋爱关系，那么可以参考暗恋或者单恋的经历填写表格，完成这个步骤。填写要求如下：

第一，恋爱经历越全越好，任何能回忆起来的经历都算在内。

第二，印象最深的美好/糟糕回忆，可以凝练成3个以内的词汇或表达，目的是找出那个最触动或者刺激你的核心点是什么。

第三，恋情结束原因，不要用表面上的原因，比如性格不合等，而是稍微挖掘更深层次的原因，这个部分不用在乎对错，只要是你自己的思考即可，同样地，建议凝练成3个以内的词汇或表达。

表5-7 恋爱历史

恋爱次数	印象最深的美好回忆	印象最深的糟糕回忆	恋情结束原因
1.			
2.			
3.			
……			

第二步：锻铸钥匙。

将上述表格中重复出现最多的3个词汇或者表达摘取出来，这就是我们的亲密关系模式的核心信息，并用这3个词汇聚成一句话来描述自己的亲密关系模式。比如我做完上面的表格之后，摘取出来的3个词汇分别是强势、不公平、不安。那么这一步中，我用这三个词汇结合我自己的情况和理解汇聚成的一句话是：我的亲密关系模式是，在感情中我总是因为体验到不公平而感到不安，然后就会用强势的方式来处理，关系因此而结束。

在我接触过的案例中，还有一些其他的钥匙可供参考：

案例一：秒回、不爱自己、窒息。

“我的亲密关系的模式是，在感情中我总是因为对方不能秒回自己的信息，就会特别没有安全感，认为对方不爱自己了，然后会用窒息的方式监控对方，最后对方受不了而分手。”

案例二：物质、自卑、逃避。

“我的亲密关系的模式是，在感情中我总是因为对方希望我买房子而觉得对方比较物质，同时又会触发我自卑的一面，然后最后选择分手而逃离这段关系。”

案例三：害怕拒绝、等待、绝不主动。

“我的亲密关系的模式是，我绝不主动，因为我害怕表示好感后被拒绝，我很难承受那个画面，所以我宁愿永远等待下去，也不会开始一段感情，至今也从未开始过一段感情，但我也不会因此去主动的。”

第三步：保留还是更换。

拿到第二步的钥匙之后，不用判断其正确或者错误，你只需要感受一下自己的内心，是否接受以这样的亲密关系模式对待现在或之后的感情。如果接受，那么不管这个模式看起来有怎样的问题，你都可以继续保留这个钥匙，来开启之后的关系；如果不接受，那么你可以重新确定3个词汇或者表达，然后形成一个自己理想中的亲密关系模式的表达。然后再用这个理想的亲密关系模式和第一节的方法工具箱中的缝纫机方法进行对照，看哪些是导致你无法获得理想亲密关系模式的缝补对象，可以重点关注相应的缝补对象，进行修复，并纳入到你的缝补计划中。

第三节　自我延续，未完待续

青春期结束时的四种自我类型

截止本章第三节，在自我同一性整合前需要凑齐的碎片就全部备齐了，在本节中，我们将把所有的碎片都整合在一起，然后找到自我的定位和未来的方向。而整合会有不同的结果，不同的结果对应不同的人格发展，这些都是在青春期出现的危机中幸存下来的不同方式，有人顺利一些，有人困难一些。不管是哪种方式，我们都要先接纳已经形成的某种模式，因为它是我们曾经努力争取来的，没有这些模式的帮助，我们的成长经历可能会更加糟糕。

表5-8是不同整合结果的一个汇总，如果在青春期之后，自己的人生没有发生太过天翻地覆的变化，那么我们的整合类型会从青春期一直持续到现在。这并不是一个坏消息，因为这就意味着，我们现在仍旧有机会解决历史遗留的问题。现在，让我们时空穿越回青春期的自己吧，然后从那里，继续成长。

除了发展得最顺利的“同一性获得”的类型（表5-9），其他三种类型在每个人身上多多少少都会有所表现，完美发展的人是不存在的，只是大家的倾向性和每种类型所占比例不同。而且前面三种类型虽然都有一定程度的发展不畅，但都会有自己的优势和劣势，并不是一无是处的，对我们完全没有作用和价值的。

在本节后面的内容中，我们会对每一个整合类型进行讨论，并且讨论的目的有三个目标：

表5-8　同一性不顺利的类型

因素	同一性早闭	同一性延缓	同一性扩散
家庭	1. 父母过度卷入孩子的生活，过度干预孩子的成长	青少年常常陷入和父母权威的矛盾斗争中	1. 父母的教养方式是自由放任的
	2. 家庭成员之间为避免冲突而避免表达不同观点		2. 父母总是拒绝孩子的需求或者漠不关心
人格	1. 最高水平的独裁主义和一成不变的思想	1. 极度焦虑、恐惧成功	1. 混合性结果：低水平的自我发展、道德推理、认知复杂性和自尊
	2. 服从权威，有依赖性，焦虑水平低	2. 有高水平的自我发展、道德推理和自尊	2. 合作能力差

表5-9　同一性顺利的类型

因素	同一性获得
家庭	1. 父母鼓励孩子自主，孩子能建立人际关系
	2. 家庭中可以互相表达不同的观点，并进行探讨
人格	1. 高水平的自我发展、道德推理、自我确定性和自尊
	2. 能面对压力，能建立亲密关系

第一，找到自己的整合类型：看一下自己卡在了哪个阶段，并了解这个阶段的特点。

第二，理解并接纳自己的整合类型：不管是哪种整合类型，都不是我们的一种缺陷或者缺失，它曾经帮助过我们度过一个又一个困难，只是在新的困难面前，它们不再有效了。

第三，向更理想的整合类型发展：我们永远有改变的权利，而且也有不改变的权利，如何定义新的自我，你说了算。

同一性早闭——逃避

同一性早闭：在青春期的危机出现之前，就习惯性服从于外界的权威，没有来得及形成自己的较为主动和稳定的想法和主见，但当自己的观点受到质疑时也会用消极抵抗的方式来表达抗议。

对于同一性早闭的人来说，如果能有一个自己信服的绝对权威来引领自己，也是很开心的，比如家庭中有一位强势的母亲或者父亲，那么会很愿意听从他们的安排，即便自己有不同的想法，也绝对不会在表面上表现出来。但当自己心里有其他想要选择的方向，而父母一定会反对的情况下，就会在极力避免被权威发现的情况下，偷偷去做。这样一来，对于任何可能发生的冲突，都会倾向于用逃避的方式来面对和处理。

优势：只要生活中有权威的形象存在，那么自己的生活就会比较简单舒适，不会被太多的事情烦恼，不容易焦虑。如果这个权威的形象是家人，那么家庭关系会非常亲密、紧密，其乐融融，自己也会因此开心和自信。

劣势：如果和权威角色之间总是充满不可避免的冲突，就会不断压抑自己，直到不能忍耐而爆发，这会极大程度上破坏自己生活的稳定性，而且较难恢复。而且在没有人可以依赖的情况下，自己无法独立做出决定，会容易陷入纠结和矛盾中。

误区及注意事项：同一性早闭的人似乎在遇到大风大浪之前就已经做了某种决定，比如早早就做了不婚或者丁克的决定，但这些决定可能是某种为了不再继续顺从，或者为了不再引发新的冲突和焦虑而做出的逃避行为的结果。一旦生活中出现一个足够大的刺激，可能会冲破这个早就做好的决定，陷入危机。这个危机可能是好事，可能是机会，但在这个危机出现的时候，一定要获得能够促进同一性的资源，比如新的价值观和人生观，或者专业的帮助，等等，否则会因为同一性尝试失败，再次回到逃避状态，而且由于之前的应激反应，再次进入逃避状态的程度可能会更深。

同一性延缓——叛逆

同一性延缓：青春期正在经历危机时，没有形成具有确定性的应对策略，处在不停的斗争中，这种斗争可能会一直延缓至学习到新的策略来应对时方能结束。

对于同一性延缓的人来说，身边的人都会在他们眼里充满矛盾性，比如可以同时表现出和权威角色的亲密关系，但同时又会强烈反抗这个角色的权威。这是因为他们有亲密需求，但又不知如何处理权威感带来的压迫和限制，所以只能充满矛盾地来维持权威关系。这也是在青少年中很常见的一种情况，那就是叛逆。他们可能和权威角色有很好的关系，但是一旦当权威角色发表一些权威言论，就会立马牵动自己叛逆的神经，想要争论和反抗。我个人比较接近同一性的类型，从青春期一直延缓到30岁，最近才慢慢找到除了争论和反抗之外，可以和权威进行对话的方式。而这个延缓的时间一转眼，已经过去十几年了。

优势：会特别在意自己的想法，并有较强的冲劲和坚持力，不容易屈服和服输，似乎永远处在斗志昂扬的战斗状态。

劣势：极易焦虑，长期处在高焦虑水平中，容易崩溃，相比于对成功的渴望，更多的是恐惧和害怕。比如在这本书的完成过程中，我最焦虑的阶段是这本书接近尾声时，比起这本书没有任何人阅读来说，我更担心的是它成功的可能。我想这与长期反抗权威的习惯有关，快要成功的时候，可能自己就有变成权威的可能，而这是之前自己一直在极力反抗的，所以会有恐惧和担心。

误区及注意事项：叛逆的人看起来好像很有自己的想法和主见，但有些时候可能是为了叛逆而叛逆，即使自己没有任何想法，也会做出叛逆的行为。所以当叛逆常常出现的时候，可能给我们带来的一个信号是，我们在做习惯性的反抗，但并没有东西真的值得我们反抗。而且叛逆也是可能延迟的，你可能在青春期的时候没有表现出来，一旦进入一个可以叛逆的环境或者阶段，哪怕你已经是成人，也会突然开始做叛逆的事情。而且这是一个好机会，说明沉寂了很久的青春期再次启动了。另外同一性早闭的人也有可能在后面的人生中继续打开和成长，然后转入叛逆阶段，这也是成长还在继续的表现。

同一性扩散——迷茫

同一性扩散：青春期未经历较大的危机，但也没有形成应对问题的策略和能力，常常会陷入迷茫状态，找不到方向。

同一性扩散的人特别像活在自己世界里的小孩，没有办法和外界的人和事产生较为强烈和稳定的链接，这是因为在曾经自己需要来自家庭的指引和方向时，总是得到拒绝或根本没有得到任何回应，完全不知道应该参考什么想法和思路来面对眼前的问题。可能周围能够利用的资源也较少，在家庭之外也没有能够获取到支持和帮助。迷茫的状态令人非常不安，不知道前面的路在哪儿，也不知道现在脚下的路是什么，对很多问题的答案，脑海里的第一反应常常是“不知道”。

优势：如果从事艺术类等不需要和外界打太多交道的职业，自己闷起头来一个人干，倒不失为一种专注的方式。

劣势：一旦涉及人际关系，可能就会陷入混乱，形成一种越接触人际关系就越不自信的恶性循环。

误区及注意事项：相比于前面两种类型，这个类型是我强烈建议一定要寻求专业帮助的，因为自我的架构是混乱且不稳定的，会特别容易受到身边各种因素和信号的影响，导致自我的架构被进一步打乱和干扰，迷茫程度加重，人际隔阂加深。因为即便是从事与人打交道不多的行业，也难免还是会和少量的人接触，而少量的人际接触都可能会造成较大的困扰。

同一性获得——个性

拥有一个能够健康成长的家庭是很幸运也是很令人羡慕的一件事情，如果在成长经历中能够获得基础的支持，获得同一性，把我们之前的成长经历中体验的感受和学来的技能，都整合在一起，未来的人生就能让我们更加有掌控感。同一性获得是指在青春期成长的过程中也经历过挫折，但通过自己的思考和外界的支持，有了解决的方案和策略，从而形成更成熟的心理视角，并能够应用在之后人生里的种种困难和挑战上。

什么是个性呢？就是你独有的且坚定的一种风格，这种风格可能表现在各个方面——人际关系、学习方式、工作方式、阅读方式、独处方式、穿衣风格、装修风格……在同一性获得的情况下，一个人的个性可以更稳定更长久地保持，同时较少地受到来自外界的挑战，或者即使有外界挑战，也不容易被动摇或者摧毁。

这里要特别说明的是，前三种类型的同一性，是不同的极端情况下的结果，普通人的经历可能是在不同的类型上有一定倾向性，哪怕身处再糟糕的家庭环境，也一定还是获得过一些支持的，所以千万不要因为有和其中某一个类型相似的地方，就认为自己完全是那样的人，但可以说自己有某种倾向或者接近某种类型。这也就意味着，我们每个人其实都是这四种类型的不同配比。

如果你接受现在的自己，哪怕不成熟、有缺点，都没关系的，改变不是必须的，但如果你想改变，同一性的类型也不是一旦确定下来，就终生无法改变的。我们每个人往往都会在自己的路径上，以不同的速度和方式经历从同一性早闭到延缓，再到同一性获得的过程。也许你处在上述某一个阶段，也许各个阶段都有经历过，这些都是正常合理的。一般来讲，同一性获得的过程不是一蹴而就的，大部分人也都经历了先是早闭，再到延缓，紧接着到扩散，最后才进入获得的过程。

现在的你有可能来到了人生的某一个分岔路口，你产生了想要改变自己的想法，但却无从下手，那么接下来我为大家准备了我们整本书的最后一个方法工具箱，帮助大家再次重启自己的自我整合之路，希望这一次你的成长不再是没有支持的、孤单的，而是确定的、有方法的，最终完成自我整合。

方法工具箱：三个“我”

自我的同一性虽然是发展心理学家埃里克森提出来的，但是与精神分析心理学中对于本我、超我、自我的描述的本质是非常一致的。所以我融合了两个理论大家的精华，整合成了这个方法——三个“我”。

第一步：理解三个“我”。

精神分析治疗有三个基本的目的，而且是要同时实现。

第一，增加本我的灵活性。

本我代表的就是我们的本能，如果没有超我的控制，那本我可能想做什么就做什么了，毫无约束和节制。如果我们对于本我的需求过于放纵，那么说明本我的灵活性是不够的，增强了灵活性就代表着，我们可以在有某些需求的时候进行等待。

第二，增加超我的宽容性。

超我就是本我的监督者，超我总想把本我限制在一定的标准和框架里，不想让本我做什么出格的事情。但如果超我太强，就会想要压抑我们所有的需求，而且对自己提出越来越严苛的标准。增加超我的宽容性就代表着，如果我们做错了什么或者有时候有一些任性的想法，也是可以被理解和被原谅的。

第三，增加自我的综合性。

通过上述对本我和超我的描述，似乎听起来这是个挺困难的任务，如果我们要同时保证本我的灵活性和超我的宽容性，就意味着我们对本能的约束不能太紧也不能太松。而且即便有时候松了、有时候紧了，也能够对自己保持一种接纳的状态，那么这个时候就是发挥自我功能的时候，自我是用来平衡本我和超我的关系的，是一个时刻在管理这二者处于和谐状态的角色和功能。这个自我就是我们刚才一直在讨论的自我同一性，我们需要把发生在我们身上的各种矛盾和冲突，用适合我们的方式来进行化解和相处。

自我有点像是上帝视角，它时时刻刻观察着本我和超我，在我们需要的时候站出来帮助我们，是我们的守护者。但很多时候，由于自我没有发展得太顺利，它不知道怎么守护，就只能无奈地任由本我和超我打架。接下来我们就要来分析一下自己身上的这三个“我”现在处于什么状态，然后帮助我们的“自我”回到守护者的位置上。

第二步：分析三个“我”。

请大家根据下面的表5-10的提示进行填写。

表5-10　本我和超我

本我或超我	能够代表相应“我”的需求或表现
本我	
超我	

表格填写说明：

在空格里填写能够分别代表你的本我需求或者超我表现的内容。比如本我可以填写“食欲很大”“爱玩游戏”，等等；超我可以填写“会对自己提出很多要求”“在自己没有完成任务的时候会攻击和否定自己”，等等。

表5-11　本我和超我的冲突

编号	本我和超我的冲突具体表现	自我是如何调节的	自我调节方式是否奏效（满分5分）
冲突1			
冲突2			
冲突3			
……			

表5-11本我和超我的冲突填写说明：

第一，本我和超我的冲突具体表现。

本我的需求，超我会想要出来干涉或者完全不管，那么可能就会产生一些冲突。比如自己的食欲很强，体重已经严重超标，甚至影响到自己的身体健康，但超我就是无能为力，无法管束自己，那么这就是一个冲突。

第二，自我是如何调节的。

当上述的冲突发生时，我们肯定会产生很多困扰和情绪，那么自我是如何调节本我和超我之间的冲突的呢？你有没有做一些事情来试图改变这种冲突呢？可能是什么都没有做，也可能是去寻求了一些身边的人或者专业上的帮助，还有可能是继续加强某一方的力量，比如让自我更加失控，或者让超我更加疯狂，等等。

第三，自我调节方式是否奏效。

对你填写的自我调节方式进行评分，如果特别有效，即能够改变本我和超我之间的冲突，那么就是满分为5，调节的效果越差，那么分数越低。

第三步：增强“自我”。

从第二步的结果中，把3分及以下的自我应对策略摘取出来，然后审视一下是哪里出了问题。这其中一定潜藏着我们在本章第一节中总结过的问题，那么我们就可以继续重点关注这些问题及相应的方法，结合缝纫机的方法，一一解决，这就是增强自我的方式。

与此同时，我们还可以把3分以上的自我应对策略摘取出来，然后看一下这其中是否潜藏着自己的优势或者某种独一无二的只属于自己的特点，它也许就是专属于你的自我调节的方式。那么就可以继续放大这个部分，作为自我中发展得较好的部分的一种巩固。

最后需要提醒的是，如果自我调节方式一栏几乎是空白，或者有调节方式，但你的评分都在3分（不包括3分）以下，那么这也是一个需要心理咨询的专业的帮助的信号，说明你的自我调节系统已经有些支撑困难了，非常需要外部支持。

成长彩蛋

迟到的“成人叛逆”

“青春期叛逆”在心理学中是指青春期阶段经历的一种模式，这种模式的特点是情绪焦躁不安、和家人发生冲突、疏远成人社会、做出鲁莽行为和排斥成人价值观。青春期似乎常常和叛逆一起出现，但事实上，大多数人在青春期时都未曾经历过叛逆，其中一般有三个原因。第一个原因自然是因为成长经历较为顺利，所以成人化和社会化的过程没有引发强烈的冲突和挑战，无须做出抵抗。另外两个原因都和不顺利的成长经历有关，一种情况是有可能你在逆境中发展出了一些可以应对困难的策略，有意或无意间巧妙地避免了叛逆这种过于激烈的方式；另一种情况是你经历的挫折或者挑战远远超过了你能够承受的上限，而叛逆是需要额外能量的，是一种巨大的消耗，因此，当你已经处在生存模式下时，便再也没有多余的力气叛逆了，只能把全部的力量用来自保。后两种原因是我们在本书中关注的最后一个话题，即我们带着一个未解决的问题进入了成人阶段——迟到的“成人叛逆”。

对应于“青春期叛逆”的定义，我在这里为“成人叛逆”下一个定义，它指的是成人时期经历的一种模式，这种模式一般发生在一些偶然事件后，这些事件多是带有打击性或者挫败感的负面事件，该模式的特点是当事人突然不想再像以前一样活着，而且发现自己一直以来的性格模式或者为人处事的模式限制了自己的生活空间，排斥已经形成的人际关系模式和主流社会认可、推崇的价值观。虽然这两种叛逆发生在不同的时期，但它们的本质是相同的——当下的生活遇到了困难，而正处在这种生活中的自己不足以对抗环境中的困难，于是选择借助一种带有破坏性的本能力量，来试图帮助自己获得突破。

成人叛逆是一次非常宝贵的改善当下处境的机会，但我们一定要把它和青春期的叛逆区分开，并非要完全复制青春期的叛逆。青春期的叛逆是无序的、野蛮的、危险的、不顾后果的，而我们现在讨论的成人叛逆是有序的、理智的、安全的、具有重塑性的。下面给大家提供两种成人叛逆的方式。

心理独立的命门

在第三章第三节中，我们讨论过“心理独立”这个概念，即意志的独立性，是指人的意志不易受他人的影响，有较强的独立提出和实施行为以达到目的的能力，它反映了意志的行为价值的内在稳定性。在这里，我们将从另一个维度更加深入地理解心理独立的含义以及实现方法。之所以再次提到心理独立，是因为真正的心理独立很难实现，即便你做到了经济独立，并且能够为自己的生活做决定，但只要别人的评价能够影响你的情绪，这就可能是心理独立还没有实现的一个信号。

“如何才能不在乎别人的评价”是我在心理科普生涯中常常被问到的问题。这个问题太令人困扰了，因为“别人的评价”往往已经变成了我们的一种既定假设，而非事实。大家可以思考一下，自己有多少事情是因为脑子里想象的别人可能会怎么看自己而不敢做的呢？拿我自己来说，读高中时，我会因为考砸了一次考试而担心朋友们会认为我不够格和他们做朋友，不再像之前一样主动邀请我参加他们组织的一些朋友间的活动；读大学时，身边的同学都吃得很少，而我向来胃口很好，却因为担心他们可能会嘲笑我饭量大，所以每次结伴吃饭时，我都会故意剩下一些。但这些评价一直都只存在于我的脑子里，我几乎从来没有真的听到过哪个朋友评价过我的成绩或者饭量，我却一直把这种假设当成事实来看待。

我想，在大家回想起的经历中，有的人是像我一样，是把假设当成事实看待；有的人是经历过真实的刺耳的评价，而并非仅仅是假设。不论是哪种情况，背后的原因是相似的，那就是在我们心理独立的过程中，误将别人的情绪和对我们的评价混为一谈了，导致自己总是活在别人的评价里，逐渐失去自我。我们本应在青春期就学习到这一区分能力，作为成人更是应该掌握，但由于家庭和学校心理教育的缺失，这个能力就像丢失的拼图的一角，阻碍我们人格的独立和完整。如果我们能够真正将别人的情绪和对我们的评价区分开来，这将对我们找回自我有非常重要的价值和作用。

我们之所以害怕别人对我们的评价，是因为我们认为别人的评价和我们直接相关，甚至是唯一相关的，并对此深信不疑。但事实上，让我们感到有攻击性或者被质疑、被否定的评价，往往都是表达评价的人自身的情绪释放，甚至是发泄。比如，在我的视频科普栏目中，我曾经收到过这样的投稿：投稿人说自己在宿舍被一个非常强势的人排挤了，常常被对方评价自己不合群、内向。其实，在遇到这个强势的人之前，投稿人说自己并没有觉得内向是什么不好的性格，但在对方反复的强势评价之下，真的开始怀疑自己是不是真的有什么性格缺陷。

评价的摧毁性极强，尤其是当我们真的开始相信这个评价的时候。但在这个过程中，我们很容易忽略这样一个问题：为什么会有人不遗余力地要去表达带有攻击性的评价呢？答案是，评价者自身可能存在一些尚未解决的、较为深层次的自我认同的危机。这种自我认同的危机往往也是在青春期时期形成的，这也是为什么中学时期的校园暴力相较于其他时期更为突出的原因。当我们处在自我认同的危机中时，会非常害怕那些能够激起自我否定和怀疑的对象，校园暴力的施暴者往往是因为在被施暴者身上看到了和自己相似的但自己无法接纳的部分的影子，所以想通过暴力来消除那种自我厌恶和恐惧。带攻击性的评价和肢体施暴在某种程度上是相似的，都反映了评价者自身的脆弱和自我攻击的情绪。

回到刚才那位投稿人的案例中，强势的评价者对自我的接纳程度是较低的，可能在投稿人表现出来的表象中看到了自己的影子，却又特别担心别人会看透这一点，所以需要通过这种反复的评价来撇清自己和这个影子的关系。在这种不断的重复评价中，投稿人就中了评价者的圈套，误以为自己真的像评价者说的那样不堪。跳出这个圈套的关键就是识破它充满迷惑性的表象，学习区分一个人表达出来的话语究竟是对自己的客观评价，还是自身情绪的宣泄。区分的方法非常简单——

客观评价：当一个人给出评价时，你感觉到对方是想和自己沟通，而不是单方面下判决，不是剥夺自己说话的权利的，就是客观评价。

情绪宣泄：当一个人给出评价时，是充满压迫性的，并且对你的回应毫无兴趣，甚至是打压你的回应，就是情绪宣泄。在这种情况下，要特别小心，对方的表达内容都是自己内心不安的外露，也就是说，这个评价可能不仅和你毫无关系，而且恰恰相反，是评价者的自评，是他在自己心里的样子。

这个区分看起来似乎简单，但真正实践练习的时候需要一点点慢慢消化和提升。每当我们受到他人评价时，可以想象脑子里有一个镜头，之前，在评价发生时，镜头是对准自己的；现在，试着把镜头对准评价者，去审视对方和评价的关系，从而切断评价和自己的关系。当评价者发现我们并不会因为他的评价而陷入圈套，就会丧失那种攻击性和伪装出来的力量感，这个时候，自我就真正独立了。

不要忽略梦

我们刚才讨论的情况比较适合那些生活中有很多大起大落的情绪体验的人，肯定也有人的生活并没有那么多强烈的刺激事件，能够有机会被动地进入成人叛逆阶段。对于这部分读者，我非常推荐“梦”这个途径，因为无论我们清醒的意识多么平静，都只是冰山一角，潜伏在冰山下的潜意识可能有大量的能够带来扰动的、未知的信息，可以帮助我们主动进入成人叛逆的阶段。

学者希尔德布兰特提出——

我相信梦既与现实世界分离隔绝，又与它有着最密切的关系，我们完全可以这样说梦，不管提供什么内容，它的材料永远来自现实世界，来自依托现实世界展开的精神生活，不管梦的内容多么奇特，它永远都摆脱不了真实的世界。梦中形象无论多么瑰丽或者滑稽，它们的基本材料永远都是借来的，要么借自我们在外部世界看到的东西，要么借自我们在清醒思维中不管以何种方式出现过的东西，换句话说，就是借自我们在主体世界或者客体世界经历过的东西。

如果梦和现实世界中我们清醒时的意识完全没有任何关系，或者说不总是有关系，那么关于梦的探讨是没有意义的。但恰恰相反，梦简直可以说是对我们生活的更深度的解析，关于梦的四个特点也许可以让你更加理解梦的价值。

第一个特点是它不能用常规的逻辑去解释，因为梦会用一些非现实的概念来呈现我们的想法和情绪。比如你正做着梦，被闹钟吵醒，你可能对梦的印象非常深刻。你前一刻可能还觉得这个梦在你脑子里的时候好像还挺完整的，有情节和故事性，但是当你试图记录下来或者向别人描述的时候，就会觉得没有任何逻辑。也正是因为如此，我们的梦才能够更加真实地反映我们的想法和情绪，没有用我们的习惯性掩饰来逃离真相。

第二个特点是梦中的元素不是纯粹的想象，而是非常真切的心灵的实际体验。也就是说，虽然你在梦里经历的那些事儿看起来非常奇葩，但你经历的情绪、情感，那种主观的体验是非常真实的。这也是梦非常有价值的地方，它不是我们编造出来的没有意义的情节，而是通过某种方式把我们的情绪附加在了那些载体上，然后传达给我们这些信息。

第三个特点非常像游戏的说法，那就是梦境的图像是副本，你梦里梦见的那些人、那些场景是副本，真正的主体是你的想法、你的观念，是你赋予这些图像的意义。那么它到底跟我们的生活是什么样的关系呢？弗洛伊德所著的《梦的解析》中，有一句话表达了这样的含义——

随着感官活动和正常意识的终止，心灵会失去它的情绪、欲望、兴趣和行动赖以生存的土壤，而那些在清醒状态下，依附于回忆图像的精神状态、情绪、兴趣和价值判断，都会笼罩在一种遮蔽性的压力之下。这导致它们与这些图像的联系中断，清醒状态下对物体、人物、地点、事件、行动的直觉图像分别被大量复制出来，但它们都不再具有自己的精神价值了，由于脱离了这种价值，它们会按照自己的方式在心灵中四处游荡。

最后一个特点就是道德感。梦其实是我们虚构出来的情节，但是它还会保留与我们在现实生活中同样程度甚至更强烈的道德感，当然，有些人可能在梦里是毫无羞耻的，还有些人可能是道德卫士。

基于梦的这些特点，接下来，在讨论释梦之前，我们需要明确一些要点，或者说是做好一些准备，主要有两个方面。

第一个方面，准备好提高对自己精神感受的注意力，也就是说，我们要在乎这件事情，如果我们对梦的态度是不在乎梦、不在乎自己的想法和感受，那就没有任何素材和资料可供研究，所以特别推荐大家试一试梦这个自我探索的新领域，这里有大量的、丰富的信息等着我们使用，来解读自己。

第二个方面，我们在接触梦境中出现的各种情景或元素时，一定要排除我们平时习惯性使用的那种自我批判的态度，比如某个梦境太邪恶了、太肮脏了，或者太恶毒了，再比如某个梦境是在嫉妒别人、伤害别人，等等，这些梦境要不带评价地记录下来。如果你经过了一番筛选，把这个梦的过程中自己不能接受的部分剔除掉了，那么这个梦也就没有任何研究的必要了。如果真的想从梦里探索到一些对自己有价值的东西，就一定要非常坦诚，梦见什么就回忆什么，就记录什么、分析什么，这是我们释梦的基础。

做好准备之后，接下来就是释梦。我向大家分享一个非常简单的释梦方法——

第一步，记录实际事件。记录一下你在做梦的当天，或者有关梦到的事件的那一天发生了什么。

第二步，自然记录梦境。梦境的过程虽然没有逻辑可言，但也不要试图编造逻辑，脑子里想到什么画面就用语言把画面记录下来，如果你觉得第一个画面和第二个画面之间没有逻辑，可以用省略号替代中间的逻辑过程，但千万不要自己去补充逻辑，因为如果把自己清醒意识的逻辑混杂进去，就干扰了这个素材。

第三步，分析。分析的单位要尽量小，你的梦可能记录了一大段，那么这一大段梦就要以每一个句号或者语义为一个单位。我以一个令我印象深刻的最近的梦境为例，梦境记录的其中的一句如下。

我站在大街上，一个人都没有。

然后，我就可以以这一句话为单位开始自由联想式的分析，这句话让我联想到的更多的不是想法，而是一种从心底产生并往外溢出的情绪，是悲伤的情绪、孤独的情绪、失望的情绪……直到你对这句话再无任何联想了，就可以分析下一句，直到把梦境的所有内容都分析完毕。

最后一步，试着得出结论。弗洛伊德认为，梦的动机是愿望的达成，也就是我们的梦是为了完成我们的某种愿望而存在的。如果我们以此为前提得出结论，就可以从对梦境的逐句分析中挖掘出我们到底想要什么，到底有什么在我们的现实生活中没有得到满足，是需要去梦里满足的？这个答案将帮助我们探索到真正的自己。

结束语

到这里，0～18岁的自我探索之旅就告一段落了，它是我们生命中第一个尤为重要的生命阶段。我们可谓是历尽千辛万苦才度过这段人生，一路走来经历了这么多挑战和困难，但还是在继续往前走着，这是我们每个人都要感谢自己的地方。接下来，我们将带着这个阶段的收获和未完成的任务，进入下面的人生。而在这一个个阶段的进程中，“我”一直伴随着自己，“我”的力量也在披荆斩棘中不断强大和坚韧。千万不要低估“我”的力量，哪怕它现在支离破碎，你的思绪常常一片混乱，“我”也在撑着你、支持你，完成当下生活的一个又一个任务。

这个“我”在无数的人生巧合中被洗礼、考验或注入能量，在人生设计的巧合中，我们可能遭遇挫折或创伤，也可能体验幸运或惊喜。这些巧合还会继续出现，正如阅读本书的你也在某个巧合中和它相遇。我很幸运，能成为你人生中的一个巧合，并在这个巧合中和你一同探索了这段奇妙的心灵之旅。也谢谢你，允许我进入你的内心世界，进行这场难得的、宝贵的人生对话。下一个人生巧合，再见，未完待续。

参考文献

[1] 阿德勒. 自卑与超越 [M]. 江月. 北京：中国水利水电出版社，2020.

[2] 埃里克·H.埃里克森，同一性：青少年认同机制 [M]. 孙名之. 北京：中央编译出版社，1968.

[3] 黛安娜·帕帕拉，萨莉·奥尔茨，露丝·费尔德曼. 发展心理学：从生命早期到青春期 [M]. 李西营，等. 北京：人民邮电出版社，2013.

[4] 西格蒙德·弗洛伊德. 梦的解析 [M]. 方厚升. 杭州：浙江文艺出版社，2016.

[5] 克莱尔. 现代精神分析"圣经"：客体关系与自体心理学 [M]. 贾晓明，苏晓波. 北京：中国轻工业出版社，2002.

[6] 麦凯，范宁. 自尊 [M]. 马伊莎. 北京：机械工业出版社，2018.

[7] 史蒂芬·A.米切尔，玛格丽特·J.布莱克. 弗洛伊德及其后继者 [M]. 陈祉妍，黄峥，沈东郁. 北京：商务印书馆，2007.

[8] 宋炯锡，等. 家庭心理百科[M]. 任李肖垚. 北京：九州出版社，2020.

[9] 亚隆. 存在主义心理治疗[M]. 黄峥，张怡玲，沈东郁. 北京：商务印书馆，2015.